U0158547

劉操南（1917.12.13—1998.3.29）

（20世紀70年代杭州大學工作證照）

1993 年劉操南在馬一浮國際學術研討會上作報告

1950 年在浙江大學任教的劉操南（前排左一）與畢業生留影

20 世紀 90 年代參加省政協會議，會後接受録音采訪

劉操南撰《諸史曆法算釋疏證》手稿，各冊最後完成於 1970 年 8 月—1972 年 3 月期間，共 1260 餘頁

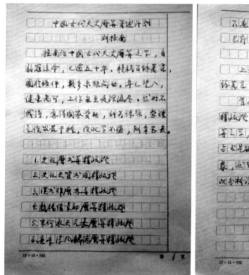
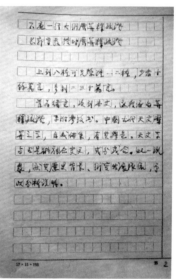

古代曆算之學爲劉操南先生"絕學"之一，惜乎生前大多未及整理問世，知者甚少

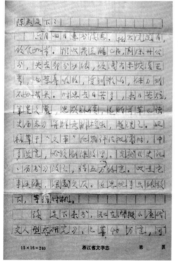

劉操南先生在給學生陳飛（現上海師範大學教授）的信中談及古代天文曆算著述計劃

照片由劉操南先生之子劉文涵教授策劃編制

景初曆詮釋

《晉書·律曆志》《宋書·曆志》載魏尚書郎楊偉上《景初曆表》。

臣揽載籍，斷考曆數，時以紀農，月以紀事。其所由來，邈而尚矣。

楊偉自稱瀏覽文化典籍，撮取其中曆數一項，加以研究。人類利用天象變化的規律，來計采時間，劃分年、月、季節，為了便于農耕，使人類的各種活動，依按時進行紀錄。關于它的起源，是很遥遠和顯著的。乃自少昊，則玄鳥司分，顓頊、帝嚳，則重、黎司天；唐帝虞舜，則羲和掌日。三代因之，世有日官。日官司曆，則頒之諸侯。諸侯受之，則頒于境內。

"少昊"古帝之名。《左傳》魯昭公十七年記剡子朝魯，昭公設宴。魯臣服子問他：少昊諸臣，何以"以鳥名官"？郯子說：少昊氏是我祖先。我高祖少昊摯初接位時，适有鳳鳥飛來。所以以鳥名官，使鳳鳥氏官為曆正。四時的分、至、啟、閉，各有专司。使玄鳥氏官司分，這是物候學的實際應用。古人設置专司，根据"玄鳥来

7日 $287\frac{3}{752}$, 遞次得上弦日、望日、下弦及後月朔日也。

推二十四氣術

置入紀年筭外，以餘數乘之，滿度法三百四為積沒，不盡為小餘，大旬去積沒，不盡為大餘，命以紀筭外，所求年雨水日也。 求次氣，加大餘十五，小餘六十六，小分十一，小分滿氣法從小餘，小餘滿度法從大餘，次氣日也。

雨水在十六日以後者，如法減之，得立春。

入紀年乘餘數 1595 一度法 304 的若干倍 = 積沒 十小餘。小餘一度法為分母。

積沒 — 60 的若干倍 = 大餘。

以本紀起筭，得所求年雨水日也。

次氣為雨水以次的節氣 或中氣。將歲實 24 分之，即

$$\frac{\dfrac{111035}{304}}{24} = 15\frac{66\frac{11}{24}}{304} \quad 得次气日數。$$

推閏月法

以閏餘減章歲，餘以歲中乘之，滿章閏得一，數從正月起，閏所在也。閏有進退，以無中氣御

受　浙江大學文科高水平學術著作出版基金　資助
中央高校基本科研業務費專項資金

劉操南 全集

古代曆算資料詮釋

上

劉操南 著

浙江大學出版社
ZHEJIANG UNIVERSITY PRESS

《古代曆算資料詮釋》出版説明

劉操南先生的遺著《古代曆算資料詮釋》采用了多種不同種類、不同顏色的筆進行書寫，有黑色毛筆字、紅色毛筆字、藍黑色鋼筆字、紅色圓珠筆字等等。黑色毛筆字、紅色毛筆字以及藍黑色鋼筆字根據內容含義分段相間而寫，而紅色圓珠筆往往作爲修改標點符號之用，我們認爲作者這樣寫應該具有特定的用意。若重新排版用統一字體字號刊印，將會完全失去作者的原意。經專家探討商議，現采用原件掃描、彩色影印方式刊出，只有這樣纔能夠充分體現作者對內容區分和歸類的意圖。由於原稿年代已久，藍黑墨水字迹已經隨着歲月的流失而淡化，紙張的邊緣部分也已泛黃。

《古代曆算資料詮釋》手稿，根據作者本人在部分稿後所寫的時間，最後各冊完成於 1970 年 8 月至 1972 年 3 月 29 日之間。共 1260 餘頁，分 11 本正文和 2 本資料探索劄記，其中第 1 至第 12 本爲作者按早年的條件自己裝訂成冊，第 13 本爲筆者將同類紙張多篇散頁彙集而成。現將全稿分上、中、下 3 冊出版。該手稿成文之時正值"文革"後期，由於身體欠佳，作者已從外地的五七幹校轉回學校食堂等處勞動，略有閒暇即忙於寫作，往往寫作到深夜。在那個物資緊缺的年代，能有這麼多特殊的紙張進行寫作，已經非常不容易。作者寫作和謄清此稿，付出了很多的財力、物力和精力。

與有關專家商定整理方案後，筆者即着手開展整理工作，手稿的初稿已無從查考，今所見者爲作者謄清稿。本人利用空餘時間對謄清稿進行掃描、處理，經過月餘的作業，將此謄清稿全部掃描轉化成電子文檔並初擬了分册目録，交出版社影印出版，庶能有裨於學林。

劉文涵

2017 年 3 月 28 日

目　録

景初曆

　　魏　楊偉　景初元年丁巳

　　　　行用 180年

　　魏用景初　　237—265

　　北魏用景初　398—451

　　晉泰始　　　265—420

　　宋永初　　　420—440

李謙　授時曆議

朱載堉　律曆融通

湯若望 戉云南懷仁　新法表異

黄炳垕　交食提示三元積閏表

高平子　史日長編

朱文鑫　曆法通志

　　记各曆行用之年及并行之曆

阮元 畴人傳卷五　魏　楊偉

1

魏

明帝景初元年丁巳楊偉造景初曆

積年五千零八十九

日法四千五百五十九

先是黃初中,韓翊因乾象曆減斗分太過,後必先天;乃少益斗分,作黃初曆。至是楊偉怨翊之非,復作此曆行之。乾象、黃初二曆,參校多年,更相是非,無時而決。至於景初,大概不出乾象範圍;而其推五星,尤為疎闊。

圖書集成曆象彙編曆法典第七十九卷曆法總部引新法表異

按新法表異日爾曼人湯若望所譯著。北平修綆堂書目:《崇禎曆書》內有《新法表異》二卷,前北平大學圖書館有藏本。見徐宗澤著《明清間耶穌會士譯著提要》,中華書局印行。

景初曆注释

《晋书·律曆志》《宋书·曆志》载魏尚书郎杨伟上《景初曆表》。

匡览载籍,断考曆数。时以纪农,月以纪事。其所由来,尚而尚矣。

杨伟自称浏览文化典籍,撷取其中曆数一项,加以研究。人类利用天象变化的规律,来计录时间,划分年、月、季节,为了顺于农耕,使人类的各种活动,能按时进行纪录。关于它的起源,是很远逮和显著的。

乃自少昊,则玄鸟司分,颛顼、帝喾,则重、黎司天,唐帝虞舜,则羲和掌日。三代因之,世有日官。日官司曆,则颁之诸侯。诸侯受之,则颁于境内。

"少昊"古帝之名。《左传》鲁昭公十七年,记剡子朝鲁,昭公设宴。鲁臣昭子问他:少昊诸臣,何以"以鸟名官"? 剡子说:少昊氏是我祖先。我高祖少昊挚初接位时,适有凤鸟飞来。所以以鸟名官,使凤鸟氏官为曆正。四时的分、至、启、闭各有专司。使玄鸟氏官司分。这是物候学的实际应用。古人设置专司,根据"玄鸟来

"歸"等自然現象，作為季節的標準。這一方法，在後世曆本中，也有記述和反映。

"顓頊""帝嚳"是少昊以後的帝王。《史記·曆書》載："少昊氏之衰也，民神雜擾，不可方物。……顓頊受之，乃命南正重司天以屬神，命火正黎司地以屬民。""南正""火正"是觀察天體現象的官，正是官名。南指南北方向，即觀察其星昏、旦適在正南。火即《詩·七月》："七月流火"之火，二十八宿中心宿大星，重、黎是司天地的專職人名。

"唐帝""虞舜"也是古代帝王。唐帝即唐堯，稱為帝堯陶唐氏。虞舜稱為帝舜有虞氏。《尚書·堯典》："乃命羲和，欽若昊天，曆象日月星辰。"羲和指羲仲、羲叔、和仲、和叔兄弟四人。帝堯曾經派遣他們四人，分駐東南西北四方，去測量日月星辰，並且制訂曆本，頒發給一般人民。夏、商、周三代都沿襲這个制度，設置日官，使羲和二氏，世守這个職司。欽有敬意，若意為順。"欽若昊天"，有恭順昊天之意，意即闡發天體現象的規律。道循路史注、燕以春分来、秋分去、故司分、鵙以夏至鸣、冬至止、故司至、鶪以春分来、立夏去、故司启、蟄以立秋来、立冬去、故司闭。盖知天时、故曆正。

昊天之意，善于阐发天体现象的规律。道循

"日""月"指太陽、月亮。"星"包括肉眼所見的恒星、行星。"辰"指參、大火、北斗及日月的交会点。"曆象"指觀察、記錄、研究"日月星辰"的自然現象。古人根據這種觀察、記錄、研究来制订曆法。日官专司曆象,把每年推祘出来的日曆"朔日甲子",頒行於諸侯,諸侯再把它頒行於國境內。周制:大史正歲年以序事,頒之官府都鄙,告朔於邦國諸侯。

夏后之代,羲和湎淫,廢時亂日,則書載《胤征》。由此觀之,審農事而重人事者,曆代然也。

到了夏代,這兩个专職司曆的羲氏、和氏,沉湎於酒,把计祘時月的職務荒廢和搞乱了。胤國的君主,受夏王的命令,去讨伐它。《尚書》載有《胤征》一篇。這样看来,曆代都是注意審核農時和重視人事的。

遝至周室既衰,戰國横鶩。告朔之羊,廢而不陷。登臺之禮,戚而不尊。閏分乖次而不識,孟陬殄昒而莫悟。大火猶西流,而怪蟄虫之不藏也。是時也,天子不協時,司曆不書日,諸侯不受職,日御不分朔,人事不恤,廢棄農時。仲尼之撥乱，于春秋讬褒貶纠正。司曆失闰，則讥而书之。登台颁朔，則谓之有禮。自此以降，自此以降，暨于秦漢，乃復以孟冬為歲首，闰為後九月。中節乖錯，時月此缪，加時後天，蝕不在朔。累代相襲，久而不革也。

到了周朝王宣衰微的時候，戰囯诸侯，横暴异常，古代流传下来每月用羊祭礼，表示"告朔"的禮，废棄不再継續。《論語》載："子貢欲去告朔之餼羊"，指的就是這事。《左传》僖公五年載："春正月辛亥朔日南至，公既視朔，遂登臺以望，而書禮也。"从此可見：一、春秋時曾以冬至朔為正月；二、春秋時已用土圭測影，以而推祘歲实，以及分、至、啟、闭。《孟子》上说："千歲之日至，可坐而致也。"说明那時對于這一自然現象，已能掌握，有一定的把握。"告朔""颁朔""登台"说明古代對于治曆重視，但中国曆法发展到了春秋時代，可以積年推祘，不须逐月颁布。而以，"告朔"的禮，顕得繁琐，為時代所淘汰了。春秋時代，已知十九年七闰，但"归餘朮传"，没有中气的月小安挑闰月是太悛的，曆法積闰餘分，湖一个朔望月今時，循理当置閏月。那時曆法計祘，不能那麽精不雅，只能籠流的把它放在年終。這样，後人根据較为准步的曆法和与客观天象比照起来，就顯出"閏分乖次"和"孟陬失紀"了。《尔雅》載："正月為陬"。孟陬就是正月。"孟陬失紀"指置閏失当。《左传》昭公二十年載："二月己丑日南至"，僖公五年正月日南至，這里却是二月日南至。這就是置閏的问题。正月作为二月，就是由于前年少放一个閏月的缘故。《左传》載孔子言論："丘聞之，火伏而后蟄者畢。今火猶西流，司曆迀也。"火即大火。古代用为中星，火在正南，表示　。孔子认为物候、天象、時序有一定的关係。"火伏"，说火星已西陷于地平線下，蟄蟲都已蟄伏。現在"火尚西流"，"蟄蟲不藏"，说明曆法所示的節序和自然的物候、天象不合。這两司曆的人的过失。因此，可見那時周室所頒的曆法，是和真正的時序不符合的。司曆對于時日，是没有弄清楚的。诸侯對于天子所分頒的任务，也是没有做好的。古時天子有日官，诸侯有日御。诸侯的日御是傳達日官所頒的朔的。這樣就形成了"不恤人事，廢棄農時"的混乱現象。孟子贊揚孔子作《春秋》，口誅筆伐，撥乱世，反諸正。用贊揚、批判，進行行正。逢到"司厤失闰"就批；頒朔就加贊揚，認為有礼。從此以後，沿至秦漢。還以孟冬十月为歲首，置闰則在後九月。中气、節气的安排，都是錯误的。四時、月次，以及中朔、加時某時某刻交中節或朔，厤本上所記得的，都比实際天象为後。所記日食，也不真在朔時。景代沿襲下去，很久還不能改革。

至武帝元封七年，始乃覺其繆易。於是改正朔，更厤數，使大才通人，造太初厤。校中朔所差，以正闰分。课中星得度，以考疏密。以建寅之月为正朔，以黄鐘之月为厤初。其厤斗分太多，後隨疏阔。至元和二年復用四分厤，施而行之，至於今日。考察日蝕，率常在晦；是則斗分太多，故先密後疏，而不可用也。

沿到漢武帝元封七年，方始觉察到前此所行厤法，是謬误的。于是改变正朔，重定厤數，使当時的大才通人，如司馬遷、鄧平、落下闳等，更造太初厤。实测天象，用以校对中气、合朔的差数，獲得正確的闰分。觀察晨昏中星，用以考证時日疏密。以正月朔为歲首，以十一月朔为厤元。古厤十一月建子，十二月建丑，正月建寅。建寅之月，即稱正月。《晋书·律厤志》載："十一月律中黄鍾。"黄鍾之月，即稱十一月，《漢書·律厤志》云："漢興，方綱纪大基，庶事草創，襲秦正朔，以北平侯張蒼言，用顓頊厤，比於六厤，疏闊中最为微近。然正朔服色，未睹其真。而朔晦月見，弦望滿虧多非是。"漢初，用顓頊厤，以十月为歲首，厤術计示，从立春点开始。太初改厤，換从冬至点开始。即以十一月甲子朔旦冬至为厤元。以後各厤，大都沿用。太初厤用鄧平的八十一分法。後來，劉歆徙承鄧平的太初厤，微加修改，称为三统厤。鄧平的八十一分法，亦源于顓頊厤，稍加改易，《淮南子·天文训》云："一月二十九日九百四十分日之四百九十九。"朔餘大於二分之一。鄧平化繁就简。若为 $\dfrac{17}{32}$ 則大於 $\dfrac{499}{940}$；若为 $\dfrac{26}{49}$ 則小於 $\dfrac{499}{940}$。須在强弱两者之间，於是两率相加，成为 $\frac{81}{43.26}$，較为密近。因此，八十一分法所用朔策，为29.5308864，19，歲实为 365.25016244；比四分曆歲实365.25000000，朔策29.53085706皆多。短時不觉，過了若干年代，一定後天。楊偉因说：「黄曆斗分太多，後稍疏濶。」斗分是指一年三百六十五日外的餘分。漢代冬至太陽在斗宿间。那時曆家還未觉察冬至點有所移動，所谓歲差。誤為周天度數和周歲日數相等。因以一年的日餘，称為斗分。等到元和二年，又一次的改曆，而復用四分曆法，一直施行到了今日。但四分曆的斗分四分日之一，和实际斗分相比，仍觉其多。假使应用日食来檢验，就可发現误差：曆上记著朔日，实际自然現象還是晦日，差了一日，依舊後天，因此，实践的结果四分曆比太初曆是「密」了一些，以後应用，和天象比勘，还是疏濶，不能应用。

是以臣前以制典餘日，推考天路，稽之前典驗以食朔，详而精之，更建密曆。则不先不後古

今中天。以昔在唐帝協日正時,允釐百工,咸熙
庶績也。欲使當今圓之典禮,尺百制度,皆韞合
往古,都已備足。乃改正朔,更曆數,以大呂之
月為歲首,以建子之月為曆初。匜以為昔在帝
代,則法曰顓頊;曩自軒轅,則曆曰黃帝。暨至漢
之孝武,革正朔,更曆數,改元曰太初,因名太初
曆。今改元為景初,宜曰景初曆。

　　楊偉自稱在修訂曆法的餘暇,推攷日
月五星運行的軌道,參攷前代的候官簿記,用
日蝕來校驗朔日,更加詳細、精核,於是更
建密曆。既不先天,也不後天。用以後查古
今曆象,都能中天。過去唐堯時代,羲和以
閏月定四時,"能夠協正時日,治理百工,
辦好諸事。今要比美唐帝,使國家的典礼、
制度,都和古代符合。需要改正朔,更曆
數,以十二月為歲首。(《晉書・律曆志》載:
"十二月律中大呂。大呂之月,即指十二月。)
以十一月為曆初。楊偉認為顓頊時代
所造的曆,稱為顓頊曆。軒轅時代所
造的曆,稱為黃帝曆。到漢武帝,改革
正朔,變更曆數,改元太初,稱為太初
曆。現在改元景初,這種曆法,應該稱

为景初曆。

臣之所建景初曆，法数则约要，施用则近密，澄之则近密有功，学之则易知。雖復使研桑心算，隸首運籌，重黍司晷，羲和察景，以考天路，步驗明，究極精微，盡術數之極者，皆未如臣此之妙也。是以景代曆數，嘗疏而不密。自黄帝以来，改革不已。

楊偉說：他所造的景初曆，所測定的法數：如曆數、会曆、曆周等都很簡約、扼要，实用起来，近於密合。研究它節省功夫，学习它容易明瞭。即使桑计研、桑弘羊的善于心祘，隸首巧于運籌，重黍管理日晷，羲和考察日影，用以考查天体运行，步驗日躔月離，究極精微，闡明日數，都不能像我術所有的妙用。因此，从黄帝以来，景代曆數都嫌疏阔，而改革不已。楊偉對於他所修訂的曆法，很有自信。"如魚飲水，冷暖自知。"這是由于過去乾象曆推合朔用日法，推曆疾用周法，推陰陽月用月周，各异其法，不能相通，有它的缺点。偉術曆數、会曆、曆周都以日法为分母，用祘简約；因此，後来曆家，如李淳風的麟德曆，楊忠輔的統天曆，郭守敬的授時曆都受它的啓發而加以改進。景初曆的交食年日數，雖不如乾象之密，但它的推食分多少，及交食起角，是史創例。近点月的日數，点較乾象為密。這是他的貢獻。但偉術也有它的錯誤、缺点。景初日中晷影，用漢四分法，所推五星，忽為同出上元壬辰。因此，所推五星見伏，除火星外，都不如乾象之密。所以何承天說：「晉代以來，用乾象五星法以代之。」《宋書·曆志》對於偉曆的短長，曾作這樣的評語：「楊偉制景初曆，施用至於晉宋。古之為曆者，鄧平能修旧制新。刘洪始減四分，又定月行遲疾。楊偉斟酌兩端，以立多少之表。因朔積分，以推合朔、月蝕。此三人，漢魏之善曆者。然洪之徒病疾，不了一揆春秋，偉之五星，大乖於後代。斯則俣用心尚疏。偉拘於同出上元壬辰為也。」批評是正確的。

景初曆術

壬辰元以来，至景初元年丁巳，歲積四千四十六祘上。此元以天正建子黄鐘之月，為曆初元首之歲夜半甲子朔旦冬至。

曆元是一曆推祘的基点。景初曆自曆元壬辰至晉景初元年丁巳，得4046年。祘上，就是說景初元年也祘入内。"天正建子黄鐘之月"，古曆所称沃正、地正、人正，即指十一月、十二月、正月。建指斗柄所向。建子指斗柄建子，十一月所谓斗建在子。黄鐘初九，律应十一月。"夜半甲子朔旦冬至"，就是說十一月夜半甲子日，日月合朔，值交冬至。古曆曆元天正建子，以夜半子為旦。地正建丑，以丑正為旦。人正建寅，以平旦為旦。以上各条件，恰合"曆初元首之歲"的曆元第一日。

元法萬一千五十八，紀法千八百四十三，紀月二萬二千七百九十五。

一元六紀 1843×6＝11058；每年十二月 1843×12＝22116月，加閏月679，得紀月22795。

章歲十九，章月二百三十五，章閏七。

古曆家実測日行19周天，月行254周天。日行1周，月行13⁷⁄₁₉周。 254－19＝235＝19×12+7

得章歲 19，章月 235，章閏 7；各以 97 乘之，得

$19 \times 97 = 1843$ 為紀法，$235 \times 97 = 22795$ 為紀月，

$7 \times 97 = 679$ 即一紀 1843 中有 679 閏月。

通數十三萬四千六百三十，日法四千五百五十九。

由 $\dfrac{通數}{日法} = \dfrac{134630}{4559} = 29日\dfrac{2419}{4559} = 29日.53059881$，

為一月的日數，即一朔望月，古稱朔實。

餘數九千六百七十，周天六十七萬三千一百五十，同于紀日。

由 $\dfrac{周天}{紀法} = \dfrac{673150}{1843} = 歲周 360日\dfrac{9670}{1843} = 365日\dfrac{455}{1843}$，

$= 365日.24668008$，為一年的日數，即一回歸年，古

稱歲實。古得餘數 9670 及斗分 455，兩數并以

紀法為分母。

歲中十二，氣法十二。

一歲分二十四節氣，內分中氣 12，節气 12。景初

曆稱 中氣為歲中，節氣為氣法。

沒分六萬七千三百一十五，沒法九百六十七。

$\dfrac{周天}{餘數} = \dfrac{673150}{9670} = \dfrac{沒分}{沒法} = 69日\dfrac{592}{967}$

古曆規定"沒日"內容，每月定為 30日，一歲 12

月為 360日，餘 5日有奇，稱為沒日；故將沒日平

均分配在 360日內，則每隔 $69\dfrac{592}{967}$ 得一沒日。

月周二萬四千六百三十八。

一紀月周 = 一章朔周 $\times 97$ $\dfrac{97 \times 254}{97 \times 19} = \dfrac{24638}{1843}$ $\dfrac{一紀月周}{紀法}$

通法四十七。

纪法 97×19 ; 日法 97×47

$$\frac{日法}{纪法} = \frac{47}{19} = \frac{通法}{章岁}$$

會通七十九萬一百一十,朔望合數六萬七千三百一十五,入交限數七十二萬二千七百九十五。

$$\frac{会通}{通數} = \frac{790110}{134630} = 5\frac{11696}{13463} \quad (1)$$

古麻法求日食,得每135月,有23个日食,即 $\frac{135}{23}$

$$= 5\frac{20}{23} 得一食 \quad (2)$$

(1)(2) 两式近似,即通數和日法组合,则通數表示月法,通數和会通组合,表示会率,即经 790110 月,而得日食 134630 次,即所谓 "交会之率"。今由月数和一月之日数相乘,

即 $\dfrac{790110}{134630} \times \dfrac{134630}{4559} = \dfrac{会通}{日法} = 173^{\mathrm{d}}\dfrac{1403}{4559}$

此式表示经过 173 日有奇,而得日食一次。

次将会通析为两分。一为 67315,等于通數的 $\frac{1}{2}$,称为 "朔望之会"。

由 $\dfrac{朔望之会}{日法} = 14^{\mathrm{d}}\dfrac{3489}{4559} = $ 半月的日数,故

蝕日在朔望之会上下。一为 722795 称为

入交限數。$\dfrac{入交限數}{日法} = 158^日 \dfrac{2473}{4559}$ 蝕日若小于

此數,則不生蝕矣。

通周十二萬五千六百二十一,周日日餘二千五百二十八,周虛二千

三十一。

$$\dfrac{通周}{日法} = \dfrac{125621}{4559} = 27^日 \dfrac{2528}{4559}$$ 為近点月的日数

2528 称为周日日餘,又 $1 - \dfrac{2528}{4559} = \dfrac{2031}{4559}$,2031

称为周虛。

斗分四百五十五。

自元法至斗分各专名,统称为法数。

甲子纪第一

纪首合朔,月在日道裹。

交会差率四十一萬二千九百一十九。

遲疾差率十萬三千九百四十七。

甲戌纪第二

纪首合朔,月在日道裹。

交会差率五十一萬六千五百二十九。

遲疾差率七萬三千七百六十七。

甲申纪第三

纪首合朔,月在日道裹。

交会差率六十二萬一百三十九。

遲疾差率四萬三千五百八十七。

甲午紀第四

紀首合朔,月在日道裏。

交会差率七十二萬三千七百四十九。

歷疾差率一萬三千四百七。

甲辰紀第五　　　　原誤作里,今改。

紀首合朔,月在日道表。

交会差率三萬七千二百四十九。

歷疾差率一十萬八千八百四十八。

甲寅紀第六　　　　原誤作里,今改。

紀首合朔,月在日道表。

　　　　　　　　　　率下原衍小字闊字,今刪。

交会差率十四萬八百五十九。

歷疾差率七萬八千六百六十八。

　　兹將景初曆六紀紀首朔旦冬至日名,及交会、
　　歷疾、差率,列表於後。

紀首冬至日名	交会差率	歷疾差率
甲子紀第一	412919	103947
甲戌紀第二	516529	73767
甲申紀第三	620139	43587
甲午紀第四	723749	13407
甲辰紀第五	37249	108848
甲寅紀第六	140859	78668
紀差	103610	30180

求紀首日名，以紀日滿60去之，餘十，命元首甲子算外，得甲戌，依次推之，至六紀一終，而朔旦冬至復起甲子。

求交會紀差，置一紀積月，已2795以通數13465乘之，滿會通790110去之，所餘即紀差103610，以之轉加前紀，即得後紀。加入未滿會通者，則紀首之歲，天正合朔，月在日道裏，滿會通去之，則月在日道表。

自甲子紀至甲寅紀，共歷 6×1843=11058等于一元所歷年數，即一元法。由逆推法，規定第一紀第一日為甲子日，由餘數9670－60的倍數。二一紀日數－60的倍數＝10日，所以第二紀為甲戌，依次計算，遞至甲寅以后，復得甲子。周而復始。

紀首合朔，月在日道里。就是在黃道以北的半圓內，是由推算而得的。今以交會差率 $\frac{412919}{通數}$ 化為月數，復由 $\frac{通數}{日法}$ 乘，化為日數。

得 $90^日\frac{2601}{4559}$＝$90^日.5723$ 說明歷元开始時，日月会朔，在進交点後第 $90^日$半有奇，与授時歷的"交应"相当。

且由後一条計算，每过一紀月數，太陽自此

交点行至彼交点，回数为偶数，故第一纪首月在日道里（或表），第二纪首，月仍在日道里（或表），故将交会纪差 103610，加入于第一纪交率，得 516529 为第二甲戌纪交会差率。依同理，由迟疾差率 $\dfrac{103947}{通数}$ 化为月数，再用 $\dfrac{通数}{日法}$ 乘之，化为日数，得又之$^{日}\dfrac{3649}{4559}$＝22^{日}.8004 说明历元开始时，月在 入转后第又二日半有奇，与授时历的"转应"相当。

又由 $\dfrac{通周}{通数}$ ＝太阳入转迟疾一周的月数，如是，一纪的月数应得迟疾几周？由后面"求迟疾纪差"的计祘，求得入转迟疾为 24429 周$\dfrac{95441}{125621}$，乃由

$$1-\dfrac{95441}{125621}=\dfrac{30180}{125621}。30180 称为迟疾纪差。$$

例如：由甲子纪迟疾差率

103947 一纪差 30180 ＝甲戌纪迟疾差率 73767

此外交会纪差，以会通为分母，迟疾纪差以通周为分母。

交会纪差十万三千六百一十求其数之所生者，置一纪积月，以通数乘之，会通去之。所去之余，纪差之数也，以之转加前纪，则得后纪；加之未满会通者，则纪首之歲。

天正合朔，月在日道裹，汈去之，則月在日道表，加表汈在裹，加裹汈在表。

經过 5月 $\frac{116960}{154650}$ 日食一次，而日仹进半个支点月，而日月合朔同度月的位置，也和日對之。於是，作比例式 $\frac{會通}{通数}$：日食一次＝纪月：又次。

故 $x = \frac{\frac{纪月}{會通}}{通数} = \frac{通数×纪月}{會通} = \frac{3068890650}{790110}$

$= 3884\frac{103610}{790110}$

此式表示日行仹进一纪的月数隆行半个支周2884次，又會通次的103610，惟日每进行半支周，其運行狀况皆同，故将運行次数2884棄去，使不重复，所谓"會通去之"，棄餘的分子稱為交會纪差。因知，交會纪差必和前纪交纪差率相加，始得後纪的交會差率。上式的整数部个為偶数2884，故甲子纪首在日道里，則甲戌纪首月亦在日道裹，直至将交會纪差煚加入前纪交會差率内。例如：甲辰纪交會差率，得827359，减去790110，得37249，月由日道裹至日道表。所谓"加表汈在裹，加裹汈在表"。

甲辰、甲寅两纪"月在日道裹"，原又裹是表之誤文，今改正。甲寅紀下 闕是術文。

遲疾紀差三萬一百八十，求其數之所生者，置一紀積月，以通數乘之，通周去之。餘以減通周。所減之餘，紀差之數也。以之轉減前紀，則得後紀，不足減者加通周。

求遲疾紀差 300180，以一紀積月 22795，通數 134630乘之，滿通周 125621去之，餘即紀差 300180，以之轉減前紀，則得後紀，不足減者，加通周減之。

通數 134630 為一月的日法分，通周為近點月的日法分。

$$\frac{通數}{通周} = 1 + \frac{9009}{125621}\quad 表示一月等于一个近点月$$

欲求一紀積月，應得近点月幾何？

$$1 : (1 + \frac{9009}{125621}) = 22795 : x$$

x 為近点月

$$x = 22795(1 + \frac{9009}{125621}) = 24429\frac{95441}{125621}$$

即在某一紀內月由原位置出發，須行 24429近点月 又 125621分月的95441，与原出發点相距，

$$為\ 1 - \frac{95441}{125621} = \frac{300180}{125621}$$

　　稱為盈疾伅差。由前伅盈疾差率，減去此伅差，得後伅盈疾差率。

　　若減數大于被減數而不足減，則加入通周而再減之。

　　今將天球上重疊所躔的大圓周撤下，成一直線。

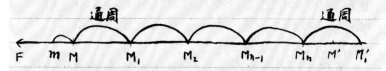

　　F点和近地点相当。　　FM＝甲子伅差率

　　$mM_1 = M_1M_2 = M_{n-1}M_n = M_nM' = $通周

　　$M_nM' = 95441$　　　$M'M_1' = 300180$

　　今將各中直线，向左移動，使 M_1' 和 M' 相重疊，則对应的 M 点和 m 重疊。表示由甲子伅差率減去伅差得甲戌伅差率，其餘仿此。

　　至上式右边的整数部分，照前条計示，須全棄去，以免重複。

求次元伅差率，轉減前甲寅伅差率，餘則次元甲子伅差率也。求次伅如上法也。

按：次元紀差率，乃指交会，紀差与遟疾紀差二率。循例下句应为轉加減"前元二率，減"字上当脱一加字。

推朔積月

術曰：置壬辰元以来盡所求年，外所求，以紀法除之，所得袜外，而入紀第也。餘則入紀年數，以章月乘之，如章歲而一，為積月，不盡為閏餘，閏餘十二以上，其年有閏，閏月以無中氣為正。

朔積月，指"壬辰元以来盡所求年"，即自壬辰以来至所求年的前一年十一月朔所積的月數 K

$$\frac{K-1}{紀法} = 整紀數 + \frac{剩餘}{紀法}$$

$$入紀年數 \times \frac{章月}{章歲} = 積月 + \frac{不盡數}{19} \quad 不盡數為閏餘$$

閏餘 12 以上，則每歲 $12\frac{7}{19}$，$12+7=19$ 以 19 除之，適為一月，故其年"有閏"。漸積閏餘，而成閏月，其前一月必無中氣，則置閏月，故術文云：以無中氣為正。

推朔

術曰：以通數乘積月，為朔積分。如日法而一，為積日。不盡為小餘。以六十去積日，餘為大餘。

大餘命以紀祘外，所求年天正十一月朔日也。

推朔，即推天正十一月的朔日，以每月日數乘前条所求的積月。

$$\frac{\text{通數}}{\text{日法}} \times 積月 = 積日 + \frac{\text{不盡數}}{\text{日法}}$$

$$\frac{\text{通數} \times 積月}{\text{日法}} = 積日 + \frac{\text{不盡數}}{\text{日法}}$$

不盡數為小餘，積日減去 60 的若干倍，稱為大餘。大餘以紀首日起祘外，得所求天正十一月朔日。

求次月

加大餘二十九，小餘二千四百一十九，小餘滿日法從大餘，命如前，次月朔日也。小餘二千一百四十以上，其月大也。

加大餘二十九，小餘二千四百一十九。

求次月，即求次月的朔日，由所得的十一月朔日，加一月的日數，即加入 $29日\frac{2419}{4559}$

由前所得朔小餘 + 2419，加湊分 母日法 4559，即得 1日。

"小餘滿日法從大餘"，從乃從屬之意。

2419 + 2140 = 4559 日法 其月大

推弦望

加朔大餘七，小餘千七百四十四，小分一，小分滿二從小餘，小餘滿日法從大餘，大餘滿六十去之，餘命以紀祘外，上弦日也。 又加得望下弦後月朔，其月蝕望者，定小餘以所近中節間限限數以下者，祘上為日，望在中節前後各四日以還者，視限數，望在中節前後各五日以上者，視間數。

　　四等分一月的日數 $29日\dfrac{2419}{4559}÷4 = 7日\dfrac{1744\frac{1}{2}}{4559}$ ，

七為大餘，1744 為小餘，
其中之 ④ 為小分，滿之則從小餘，即為朔至弦，或弦至望的日數。故由本月朔日內遞加入

$7日\dfrac{1744\frac{1}{2}}{4559}$ ，遞次得上弦日，望日、下弦日及後月朔日。

　　中節間限限數以下，約略以天曉時為一日之始，亦為前一日之終，即"祘上為日"。定小餘和夜半子正後的時間相当，亦即和後一日開始時間相当。為方便計，望在中節前後各四日以還，則視限數；望在中節前後各五日以上，則視間數為小餘的界限。

　　推二十四氣
術曰：置所入紀年，外所求，以餘數乘之，滿紀法為大餘，不盡為小餘，大餘滿六十去之，餘命以紀祘外，天正十一月冬至日也。

一歲中有中氣十二，節氣十二，共二十四氣。

推冬至法，由入紀年 $-1=K$。

$$K \text{歲的日數} = K(360 + \frac{餘數}{紀法})$$

$$= 60的整倍數 + K\frac{餘數}{紀法}。$$

60整倍數舍去　$K\frac{餘數}{紀法} = 大餘 + \frac{小餘}{紀法}$

大餘減去60若干倍，以本紀起祘，得天正十一月冬至日也。

　　求次氣

加大餘十五，小餘四百二，小分十一，小分滿氣法從小餘，小餘滿紀法從大餘，命為前，次氣日也。

　　次氣，為冬至以次的節氣或中氣。將一歲二十四分之，即

$$\frac{360\frac{9670}{1843}}{24} = 15日402\frac{11}{12}\frac{1}{1843} \quad 次氣日數。$$

　　推閏月

術曰：以閏餘減章歲，滿歲中去之，滿章閏得一月，餘滿半法以上亦得一月，數從天正十一月起祘外，閏月也。閏有進退，以無中氣御之。

　　次句原作：餘以歲中乘之，今改正。

　　推求年內有無閏月？已知"章閏七"，一歲中有閏分7，則一月閏分$\frac{章閏}{12}$。

　　今由紀首月起祘至 所求年十一月以前所

積閏分，減去章歲之若干倍數，即得閏餘。閏餘積滿章歲，得一閏月。

$$\frac{章歲-閏餘}{\dfrac{章閏}{12}} = 12\,\frac{(章歲-閏餘)}{章閏} = 月數 + \frac{不盡數}{章閏}$$

月數應從十一月起祘，推至最後一月，始為閏月。如不盡數尹大于章閏者，則亦祘作一月，用為閏月。但閏月以無中气為主，故活用以上規定，而可進退閏月。

大雪十一月節　限數千二百四十二
　　　　　　　閏數千二百四十八

冬至十一月中　限數千二百五十二
　　　　　　　閏數千二百四十五

小寒十二月節　限數千二百三十五
　　　　　　　閏數千二百二十四

立春正月節　　限數千一百七十二
　　　　　　　閏數千一百三十七

雨水正月中　　限數千一百一十三
　　　　　　　閏數千九十三

驚蟄二月節　　限數千六十五
　　　　　　　閏限千二十五

春分二月中　　限數千八
　　　　　　　閏限九百七十九

清明三月節	限數九百五十一 閏限九百二十五
穀雨三月中	限數九百 閏限八百七十九
立夏四月節	限數八百五十七 閏限八百四十
小滿四月中	限數八百二十二 閏限八百一十三
芒種五月節	限數八百 閏限七百九十九
夏至五月中	限數七百九十八 閏限八百
小暑六月節	限數八百五 閏限八百一十五
大暑六月中	限數八百二十五 閏限八百四十二
立秋七月節	限數八百五十九 閏限八百八十三
處暑七月中	限數九百七 閏限九百三十五
白露八月節	限數九百六十二 閏限九百九十二

秋分八月中　　限數千二十一
　　　　　　　間限千五十一

寒露九月節　　限數千八十
　　　　　　　間限千一百七

霜降九月中　　限數千一百三十三
　　　　　　　間限一百五十七

立冬十月節　　限數千一百八十
　　　　　　　間限千一百九十八

小雪十月中　　限數千二百一十五
　　　　　　　間限千二百二十九

	限數	間限
大雪十一月節	1242	1248
冬至十一月中	1254	1245
小寒十二月節	1235	1224
大寒十二月中	1213	1192
立春正月節	1172	1172
雨水正月中	1112	1093
驚蟄二月節	1065	1025
春分二月中	1008	979
清明三月節	951	925
谷雨三月中	900	879
立夏四月節	857	840
小滿四月中	832	813

芒種五月節	800	799
夏至五月中	798	800
小暑六月節	805	815
大暑六月中	825	842
立秋七月節	859	883
處暑七月中	907	935
白露八月節	962	992
秋分八月中	1021	1051
寒露九月節	1081	1107
霜降九月中	1130	1157
立冬十月節	1180	1198
小雪十月中	1215	1229

　　大雪為首，中气、节气的限數，冬至最大，夏至最小。其餘在兩數中間。從冬至遞次減少，由于夜漏刻表，冬至夜漏為55刻，從夜半至天明夜漏刻數，应為一半。一晝夜為100刻，日法為4559。

$$100 : \frac{55}{2} = 4554 : x$$
$$x = \frac{55 \times 4559}{200} = 1254$$

　　即為冬至的限數。其餘中气、節气的限數，仿此計祿。

间限，即为两限数的平均数。例如：

大雪限数 1242

冬至限数 1254

两数相加，平均，得大雪间限 1248。其馀仿此。

推没灭

术曰：因冬至积日有小馀者，加积一，以没分乘之，所得为大馀，不尽为小馀，大馀满六十去之，馀命以纪祘外，即去年冬至後没日也。

没日，即一岁 360 日以外多馀的日数。冬至小馀为夜半以後的冬至加时，今将冬至小馀加满成一日，并加入纪以来日数，使为入纪以来积日。

$$\frac{没分}{没法} = \frac{x}{入纪以来积日}$$

$$x = \frac{没分 \times 入纪以来积日}{没法} = 整日数 + \frac{小馀}{没法}$$

整日数即小馀，舍去 60 的若干倍，馀即所求没日。惟因冬至小馀加满一日，以为积日，故得为冬至後没日。

求次没

加小馀六十九，小馀五百九十二，小馀满没法得一从大餘，命如前，小餘盡為減也。

每隔 $69日\frac{592}{967}$ 得一没日。若歷次求次没，
其所得 僅有大餘，而無小餘，則
没日即為滅日。

推五行用事日

立春立夏立秋立冬者，即木火金水始用事日也。各減
其大餘十八，小餘四百八十三，小分六。餘命以紀祘外，
各四立之前，土用事日也。大餘不足減者，加六十；小
餘不足減者，減大餘一，加紀法，小分不足減者，
減小餘一，加氣法。

五行分配于四立，其法由一歲的日數 $365日\frac{455}{1843}$
$= 73日\frac{91}{1843}$，使以木配春，以火配夏，以金配
秋，以水配冬，各得 $73日\frac{91}{1843}$，更將其
餘一分 $73\frac{91}{1843}$，分為四分，每份得
$18日\frac{483亩}{1843}$ 分別加入四立之前，為四季的
土用事日。

或先將一歲四分，各減去 $18日\frac{483亩}{1843}$
而得土事用日。大餘不足減，
加六十，小餘及小分不足減，則減大餘
而加紀法，及減小餘而加气法。

推卦用事日

因冬至大餘，六其小餘，坎卦用事日也。加小餘萬

九十一、游元法從大餘，即中孚用事日也。

易六十四卦用事直日的学说，胝于京房。规定坎、離、震、兌用事在二至二分之首，各得 80 之 73，余卦皆 $6^日\frac{72}{80}$。其中惟頤、晉、井、大畜，皆 $5\frac{14}{80}$，比它卦少 $\frac{73}{80}$。所少的数，即坎、離、震、兌用事数。

坎 四卦 $\frac{73}{80}$ 了65 \
頤 四卦 $5\frac{14}{80}$ 20.7 ⎬ 365.25 \
餘 56卦 $6\frac{72}{80}$ 340.9 ⎭

小餘因元法为分母，元法 = 6×纪法、"六其小餘"，以之加入冬至大餘，而得坎卦用事日，等到 $\frac{73}{80}$ 日，亦即 $\frac{10091}{11058}$ 日逕過時，而得 中孚卦用 事日。

求次卦 \
各加大餘六，小餘九百六十七，其四正各因其中日，六其小餘。

求次卦用事日，加入 $6^日\frac{967}{11058} = 6^日\frac{72}{80}$ 二分二至用四正卦坎、離、 震、 兌時，6×小餘因其中日，中日为不足一日的日餘。

推日度

術曰：以紀法乘朔積日，滿周天去之，餘以紀法除之，所得為度，不盡為分，命度從牛前五度起，宿次除之，不滿宿，則天正十一朔夜半日所在度及分也。

朔積日即朔小餘不加在全的積日。

紀法×朔積日＝朔積日的紀法分

周天　＝一周天度數的紀法分

朔積日×紀法－周天的若干倍＝小于周天的減餘數，即度數的紀法分。

$$\frac{減餘數}{紀法}＝度數＋不盡數$$

不盡數以一紀法為分母，除以牛前5°為起祘外，即得天正十一月朔夜半日所在度分。

求次日

日加一度，分不加，經斗除斗分，分少退一度。

日行每日1°，故逐日遞加1°，遞得次日日所在度，惟牛前為斗宿所佔度數，所以不加分，而經斗除其斗分，若分少不足減，應是退后一度，以施減法。

推月度

術曰：以月周乘朔積日，滿周天去之，餘以紀法除之，所得為度，不盡為分，命如上法，則天正十一月朔夜半月所在度及分也。

$$\frac{月周}{紀法} = 13°.368 \quad 月一日平行度$$

月周為一日行度的紀法分

月周×朔積日＝在朔積日內月行總度的紀法分

月周×朔積日－周天的若干倍＝小于一周天

積度的紀法分

$$\frac{小于周天的積度分}{紀法} = 度數 ＋剩餘$$

剩餘以紀法為分母

起祚点以前条，即得天正十一月朔夜半所在

度及分。

求次月

小月加度二十二，分八百六，大月又加一日度十三，分六

百七十九，分滿紀法得一度，則次月朔夜半月所在度

及分也，其冬下旬，月在張心署也。

$$月平行度 \quad 13°\frac{干}{19} × 29^日 = 377°\frac{1261}{1843}，$$

$$減去周天 \quad 365\frac{455}{1843}，得 22°\frac{806}{1843}。$$

$$大月加一日平行度 \quad 13°\frac{679}{1843} = 13°\frac{97×7}{97×13}$$

$$377°\frac{1261}{1843} = 377°\frac{97×13}{97×19}$$

"其冬下旬，月在張心署也。"《隋书·刑法志》載

陳制晦朔八節，月在張、心日，並不得行刑。術

家以二十八宿配日月五星,房、昴、虛、七屬日;張、
心危、畢屬月;此為術文所說。每遇冬季下旬,
月入張心宿次的依據。"署"有"記入"的意義。

　　推合朔度

術曰:以章歲乘朔小餘,鴻通法為大分,不盡為小
分,以大分從朔夜半日度分,滿紀法從度,命
如前,則天正十一月合朔日月所共合度也。

　　合朔之時,日月同度。朔小餘是夜半後至合
朔加時的日餘分。日餘分,以日法為分母。今改
以以紀法為分母。

$$\frac{朔小餘}{日法} = \frac{x}{紀法}$$

$$x = \frac{紀法×朔小餘}{日法} = \frac{章歲×朔小餘}{通法}$$

$$= 大分 + \frac{小分}{通法} \qquad 大分滿紀法得一度$$

以x加入朔夜半日度分,所得為天正十一月
合朔日月共合度。

　　求次月

加度二十九,大分九百七十七,小分四十二,小分
滿通法從大分,大分滿紀法從度,經斗除其
分,則次月合朔日月所共合度也。

共合度内,加入 $29°\frac{2419}{4559}$,改為1843

為分母,得 $29°977\frac{\frac{42}{47}}{1843}$ 經斗除分,得次月
合朔日月所 共合度。

推弦望日所在度

加合朔七,大分七百五十,甘分十,微分一,微分满二
從小分,小分满通法從大分,大分满纪法從度,命
如前,則上弦日所在度也,又加得望,下弦,後
月合也。

一月日數得四分,得 $7\frac{1744.5}{4559}$,再將分
母改為1843,得 $7\frac{144.5}{4559}$ = $7\frac{705\frac{10\frac{1}{2}}{47}}{1843}$

加入合朔日月共合度,得上弦所在度,再
將 $7\frac{705\frac{10\frac{1}{2}}{47}}{1843}$ 遞次加入,得望、下弦和次
月朔 日所在度。

推弦望月所在度

加合朔,度九十八,大分千二百七十九,小分三十四,數满
命如前,即上弦月所在度也,又加得望,下弦,後月
合也。

$7日\frac{705\frac{10\frac{1}{2}}{47}}{1843} ×$ 月的日平行度 $13°\frac{7}{19} = 98°\frac{1279\frac{34}{47}}{1843}$

加入合朔共度内，得上弦月所在度；遞次加入，得望、下弦，及後月朔月所在度。

推明昏明度

術曰：日以紀法，月以月周，乘所近節气夜漏，二百而一為明分，日以減紀法，月以減月周，餘為昏分，各以加夜半，如法為度。

日月昏明度就是天明時及昏時日月所在度。設以夜半為起点，順推明分，逆推昏分。明分和昏分相莘。

$$\frac{之 \times 夜漏}{100} = \frac{明分}{紀法} \qquad 明分 = \frac{紀法 \times 夜漏}{之 00 刻}$$

$$紀法 - 明分 = 昏分$$

加朔夜半日月所在度分，即得所求。

（大分以紀法為分母）

推合朔交会月蝕

術曰：置所入紀朔積分，以所入紀交会差率之數加之，以会通去之，餘則所求年天正十一月合朔去交分也。以通數加之，满会通去之，餘則次胎朔去交分也。以朔望合數，各加其月合朔去交度分，满会通之，餘則其各月望去交度分也。朔望去交分，如在朔望合數以下，入交限數以上，朔則交会，望則月蝕。

所入纪积分 ＋ 两入纪交会差率 － 会通的若干
倍 ＝ 剩余数   即自月道和日道两交点中一点
至合朔的去交度分，也即天正十一月合朔去交
度分。   但通数为一月日数的积日分，

去交度分 ＋通数（加满会通弃之）
　　　　　 ＝次月合朔去交度分。

如以　朔望合数 ＋期合朔去度分（满会通
　　弃之）＝各月望去交度分。

若　朔望去交分，小于朔望合数，而大于入交
限数；朔则交会，望则月食。

推合朔交会月蚀在日道表裏

术曰：置所入纪朔积分，以所入纪下交会差率之数
加之，倍会通去之，餘不满会通者纪首表，天正合
朔月在表；纪首里，天正合朔月裏，满会通去之，
表在裏，裏在表。

$$\frac{会通}{通数} = 5^月\frac{11696}{13463}$$ 和日行自日月两道交点
　　　　　　　　　　　　　　至彼交点相差。

入纪朔积分 ＋交会差率　乙X会通的若干倍
日由出发点进行至　乙X会通，而至　去之
原出发点，咸餘小于会通，而出发点为表，则
至表，出发点为里，与还至里。

若減去之X會通的若干倍，其減餘數尚大于會通，仍棄會通，則絕首合朔月所所在表里，天正合朔月所在，當反其表里，是很容易明白的。

求次月

以通數加之，泑會通去之，加裏泑在表，加表泑在裏。先交會後月蝕者，朔在表則望在表；朔在裏則望在裏。先月蝕後交會者，看食月，朔在裏則望在表，朔在表則望在裏。交食月蝕，如朔望會數以下，則前交後會；如入交限數以上，則前會後交。其前交後會，近於限數者，則豫伺之前月。前會後交，近于限數者，則後伺之後月。關

"推合朔交會月蝕"，其先交會，後月蝕的，如各：

日月兩道的交点為 K 及 K'，假定冬中接

近交点 K，日在 S 月在 M 互相交会。其後经过十四日馀日進行至 S'，月行至 M'，与日相对而生月蝕，则在通例，不可不朔在表则望在表，或朔在里则望在里。其在先月蝕後交会的，亦复如是。惟有特例，景初曆规定去交度以十五为限。設月食時月的位置，在交点前微小于十五度，那時日月相距为半周天，等到经过十四日有奇，月越过交点，追及日而再生日食。這時日仍未行过交点，即得"朔在里则望在表，或朔在表则望在里。"所谓"看食月"即是看食時月在特别位置的意義。凡交会、月食時去交分，如小於朔望会数，则无疑是交点在前，而食在後。所谓："前交後会"。如去交分大於入交限数，则无疑交点在後而食在前。所谓："前会後交"。即去交分近于所近中節的限数；如在本月朔，则退後十四日有奇，而前月之望得月食。前会後交去交分近于所近中節的限数，而在本月望，则前行十四日有奇，而後月朔有日食。可与"朔望合数"条同看。

求去交度

43

術曰：其前交後会者，今去交度分，如日法而一，所得則却去交度也。其前会後交者，以去交度分减会通餘，如日法而一。所得則前去交度，併皆度分也。去交度十五以上，雖交不蝕也。十以下是蝕，十以上虧蝕微少，光晷相及而已。虧之多少，以十五為法。

去前交後会的場合，称為"今去交度分"，亦即今去交度的日法分。

$$\frac{今去交度分}{日法} = 却去交度 + \frac{剩餘}{日法}$$

其前会後交的場合，　　　　　剩餘皆為度分

$$\frac{会通 - 去交度分}{日法} = 前去交度 + \frac{剩餘}{日法}$$

景初曆規定：去交度以十五為限，如大于15°，雖交不蝕；如在10°以下，必生蝕象；如在10°以上，則虧蝕非常微少，不过光晷略受影响而已。晷作影解。至于虧蝕多少，也以十五為法。

求日蝕虧起角

術曰：其月在外道，先交後会者，虧蝕西南角起。先会後交者，虧蝕東南角起。其月在内道，先交後蝕者，虧蝕西北角起。先会後交者虧蝕東

北角起，虧蝕分多少，如上以十五為法。会交中者蝕盡，月蝕在日之衝，虧角与上反也。

日蝕時虧蝕分的计筭，以日面为主。月在外道是月居日下；如在交点前发生日食，則人目見日月，由相離遠处，漸趨于近。故虧蝕在西南角。

如在交点後发生日食，則人目見日月相離近处而漸趨于遠，故虧蝕在東南角。

日在内道，是月居日上，故在交点前後发生日食。因此，定其虧蝕一在西北角，一在東北角。至于虧食分以十五为法，已見于前。日蝕正在交点，当是全食。月食時虧食分的计筭，以月面为主；兩種々埸合，虧食方向，和日食相反。

月行遲疾度		損益率
盈縮積分		月行分
一日十四度	十四分	益二十六
盈一初		二百八十
二日十四度	十一分	益二十三
盈積分 一十一萬八千五百三十四		一百七十七 二百一字三字之误
三日十四度	八分	益二十
盈積分 二十二萬三千三百九十一		二百七十四

四日十四度 五分　　　　　　　益十七

　　盈積分 三十一萬四千五百七十一　　二百七十

五日十四度 一分　　　　　　　益十三

　　盈積分 三十九萬二千七十四　　　　三百六十七　　　三百三字 二字之誤

六日十三度 十四分　　　　　　益七

　　盈積分 四十五萬一千三百四十一　　二百六十一　　　一字 衍文

七日十三度 七分　　　　　　　損一

　　盈積分 四十八萬三千二百五十四　　二百五十四

八日十三度 一分　　　　　　　損六

　　盈積分 四十八萬三千二百五十四　　二百四十八

九日十二度 十六分　　　　　　損十

　　盈積分 四十五萬五千九百　　　　　二百四十四

十日十二度 十三分　　　　　　損十三

　　盈積分 四十一萬三百一十　　　　　二百四十一

十一日十二度 十一分　　　　　損十五

　　盈積分 三十五萬一千四十三　　　　二百三十九

十二日十二度 八分　　　　　　損十八

　　盈積分 二十八萬二千六百五十八　　二百三十六

十三日十二度 五分　　　　　　損二十一

　　盈積分 二十萬五百九十六　　　　　二百三十三

十四日十二度 三分　　　　　　損二十三

　　盈積分 十萬四千八百五十七　　　　二百三十一

十五日十二度 五分	益二十一
縮初	二百三十三
十六日十二度 七分	益十九
縮積分 九萬五千七百三十九	二百三十五
十七日十二度 九分	益十七
縮積分 十八萬二千三百六十	二百三十七
十八日十二度 十二分	益十四
縮積分 二十五萬九千八百六十三	二百四十
十九日十二度 十五分	益十一
縮積分 三十二萬三千六百八十九	二百四十三
二十日十二度 十八分	益八
縮積分 三十七萬三千八百三十八	二百四十六
二十一日十三度 三分	益四
縮積分 四十一萬三百一十	二百五十
二十二日十三度 七分	損一
縮積分 四十二萬八千五百四十六	二百五十四
二十三日十三度 十二分	損五
縮積分 四十一萬八千五百四十六	二百五十九
二十四日十三度 十八分	損十一
縮積分 七萬五千五十一	二百六十五
二十五日十四度 五分	損十七
縮積分 三十五萬五千六百二	二百七十一

二十六日十四度十一分　損二十三

　　縮積分　二十七萬八千六十九　　二百七十七

二十七日十四度十一分　損二十四

　　縮積分　十七萬三千二百四十二　　二百七十八

周日十四度十三分有小分六百二十六　損二十五有小分六百二十六

　　縮積分　六萬三千八百二十六　　二百七十九有小分六百二十六

月行遲疾歷	損益率	盈縮積分		月行分
一日 14°14′	益26	盈初		280
二日 14°11′	益23	盈積分	118534	277
三日 14°8′	益20	盈積分	22239p	274
四日 14°5′	益17	盈積分	31457p	270
五日 14°1′	益13	盈積分	392074	267
六日 13°14′	益7	盈積分	451340	260
七日 13°7′	損	盈積分	483254	254
八日 13°1′	損6	盈積分	483254	248
九日 12°16′	損10	盈積分	455900	244
十日 12°13′	損13	盈積分	410310	241
十一日 12°11′	損15	盈積分	351043	239
十二日 12°8′	損18	盈積分	282658	236
十三日 12°5′	損21	盈積分	200594	233
十四日 12°3′	損23	盈積分	104857	231

十五日 12°5'	益21	縮初	233
十六日 12°7'	益19	縮積分 95739	235
十七日 12°9'	益17	縮積分 182360	237
十八日 12°12'	益14	縮積分 259863	240
十九日 12°15'	益11	縮積分 323689	243
二十日 12°18'	益8	縮積分 373838	246
二十一日 13°3'	益4	縮積分 410310	250
二十二日 13°7'	損	縮積分 428546	254
二十三日 13°12'	損5	縮積分 428546	259
二十四日 13°18'	損11	縮積分 405751	265
二十五日 14°5'	損17	縮積分 355602	271
二十六日 14°11'	損23	縮積分 278099	277
二十七日 14°11'	損24	縮積分 173242	278
周日14°13'有小分626	損25有小分626	縮積分 63826	279有小分626

　　月行遲疾曆，今稱近點月表。
第一縱欄　首為每日月行遲疾度。例如：
　一日 14°14'，這 14°14'，內 14' 是以章歲 19
　為分母。以下各日，依此計稱，直至周日。
　（周日日餘＋周虛），為 14°13'，又小分 626，
　小分是以周日日餘 2528 為分母的。
第二縱欄　次為損益率。例如：一日益率26。

49

由月每日平行 $13°\frac{7}{19}$，加益率 $\frac{2.9}{19}+13°\frac{7}{19}=14°\frac{19}{19}$，

得一日的月行度及分。又如：七日為 $13°\frac{7}{19}$，

恰為日平行度，故只寫"損"字，無率。又如：

八日損率為 6，即：

月平行 $13°\frac{7}{19}-\frac{6}{19}=$ 八日月行度 $13°\frac{1}{19}$

其餘依此計示，直至周日損率：25 又 $\frac{626}{2526}$

第三縱欄 是盈縮積分；即逐日損益率應

加數的日法分。

例如： 二日的盈積分 $118534=$ 一日益率 $26×$ 日法

三日的盈積分 $223391=$ 一、二日益率應加數 $49×$ 日法

其餘依此計示，直至周日的縮積分

$63826=$ 周日餘的損率 $14×$ 日法。

此處以縮積分視為周日餘的損率。正此

以二日盈積分，視為一日的益率相同。

$$\frac{14}{周日餘}=\frac{x}{日法}$$

$$x=14×\frac{4559}{2528}=25\frac{626}{2528}$$ 即周日損率。

第四縱欄 是月行分。滿章歲 19 得 $1°$。

例如：一日下的月行分為 280，以章歲 19

除之，得一日的月行度 $14°\frac{14}{19}$。其餘依此

计示示。

又如：七日为由益而损的交替时期，亦即盈积分最多时期。二十二日为由益而损交替时期，亦为缩积分最多时期。

推合朔交会月蝕入遲疾厤

術曰：置所入纪積分，以所入纪下遲疾差率之數加之，以通周去之，餘溯日法得一日，不盡为日餘，命日祘外，則所求天正十一月合朔入厤日也。

遲疾差率是纪首合朔，月在表或表里的位置，和近点月两交点中任一交点的距离相当。差率加所入纪朔積分，即以交点为起示点。

而入纪朔積分＋所入纪遲疾差率—通周的若干倍＝小于通周的剩餘。

$\dfrac{剩餘}{日法}$ ＝日數 ＋不盡數　此不盡數即日餘，

日法为分母，除以近点月第一日为起示点单位外，即得天正十一月合朔入厤日也。

求次月

加一日，餘445日，求望加14日，日餘3489。日餘溯日法成日。日溯27去之，又除餘如周日餘，日餘不足除者，减一日，加周虚。

朔望月日數 29日$\dfrac{2419}{4559}$ —近点月日數27日$\dfrac{2558}{4559}$

51

二日$\frac{4550}{4559}$ 此數加入近点月日數,得次月合朔入曆。

如求十一月望的入曆,在合朔入曆内,加半竹朔望月日數 14日$\frac{3489}{4559}$,即得望的入曆。積日若積滿

27日$\frac{2528}{4559}$章亥,如日餘大于 2528,所謂"不足除"应退一日,而加周虛。

推合朔交会月蝕定大小餘

以入曆日餘,乘所入曆損益率,以損益盈縮積分為定積分,以章歲減所入曆月行分,餘以除之,所得以盈減縮加本小餘,加之過日法者交会加時在後日;減之不足者交会加時在前日,月蝕者,隨定大小餘為日,加時入曆在周日者,以周日日餘乘縮積分,為定積分;以損益率乘入曆日餘,又以周日日餘乘之,以周日日餘小分并之,以損定積分,餘為後定積分,以章歲減周日月行分,餘以周日日餘乘之,以周日度小分并之,以除後定積分,所得以加本小餘,如上法。

1日:所入曆損益率 = 入曆日餘 : 相应損益數x

x = 入曆損益率 × 入曆日餘

日餘,以日法為分母,月行分以章歲為分母,從而損益率及盈縮積,亦以章歲為分母。

加時盈縮

$$\frac{盈縮積}{章歲} + \frac{入曆損益率}{章歲} \times \frac{入曆日餘}{日法} = \frac{日法\times盈縮積 \pm 入曆損益率\times入曆日餘}{日法\times章歲}$$

又 $\frac{月行分}{章歲} - 1$ 為一日間月的去日行度,故欲求盈縮日分

$$\left(\frac{月行分}{章歲} - 1\right) \div = \frac{日法\times盈縮積 \pm 入曆損益率\times入曆日餘}{日法\times章歲}$$

$$\therefore \frac{K}{日法} \qquad K和日餘,為同階級的數,由是得$$

$$K = \frac{(盈餘積分 \pm 入曆損益率\times入曆日餘)}{(月行分 - 章歲)}$$

$$= \frac{定積分}{所入曆日行分 - 章歲} 。$$

本小餘 $\pm$(盈減縮加) $K =$ 定小餘。

若加得數大于日法,交会加時当進一日,為後日。若減數大于被減數,交会加時,左退一日,為前日。

月蝕場合,隨大小餘,加時入曆,以確定在何日?

若加時入曆,遇着周日,亦依上法計祘。但所异的,是損率和月行分,均帶小分。

$$\frac{縮積}{章歲} - \left(\frac{入曆日餘}{日法}\right)\left(\frac{損率 + \frac{小分}{周日日餘}}{章歲}\right) = \frac{周日日餘 \times 縮積分}{周日日餘 \times 章歲 \times 日法}$$

$$- \frac{入曆日餘 \times (周日日餘 \times 損率 + 小分)}{周日日餘 \times 章歲 \times 日法}$$

$$= \frac{周日日餘 \times 縮積分 - (入曆日餘 \times 周日日餘 \times 損率 \times 入曆日餘 \overset{\times 小分}{)}}{周日日餘 \times 章歲 \times 日法}$$

$$= 加時縮積 , 又$$

$$\frac{\left(月行分 + \frac{小分}{周日日餘}\right)}{章歲 - 1} = \frac{(月行分 - 章歲) \times 周日日餘 + 小分}{周日日餘 \times 章歲} = f$$

$$f - 1 = 加時縮積 = \frac{K'}{日法}$$

$$K = \frac{周日日餘 + 縮積分 - (入曆日餘 \times 周日日餘 \times 損率 + 入曆日餘 \times 分)}{(月行分 - 章歲) 周日日餘 + 小分}$$

上式分子,所謂"後定積分",分母與術文隙數符合。

術文:"以周日日度小分并之",疑有脫誤,縮斜應
　　　為:"以入曆日餘乘周日日度小分并之"。

最後:由本小餘 + K',而得定小餘,均以上法。

　　　　推加時

以十二乘定小餘,滿日法得一辰。數從子起祢外,則
朔望加時兩在辰也。有餘不盡者四之,如日法而一
為少,二為半,三為太。又有餘者三之,如日法而一為
強。半法以上挑成之,不滿半法廢棄之。以強并少為

少强,并半為半强,并太為太强。得二强者為少弱,
以之并少為半弱,以之并太為太弱,以之并太為一
辰弱,以所在辰命之,則各得其少、半、太及强弱也。
其月蝕望在中節前後四日以還者,視限數,五
日以上者,視間限,定小餘如間限限數以下者,
以祎上為日。

　　一日分為十二辰,即日法 $\frac{4559}{12}$,為一辰日餘。

$$\frac{定小餘}{晷} = 12 \times \frac{定小餘}{日法} = 辰數 + \frac{不盡數}{日法}$$

以夜半子正起祎,即得朔望加時,所在辰數。
其不盡數,小于日法,故 $\frac{日法}{晷}$,即 $4 \times \frac{不盡數}{日法}$
$= 1、2、3$ 數中任一數 $+ \frac{剩餘}{日法}$。 通例:
一為少、二為半、三為太。

剩餘擴大為三倍,即 $\frac{剩餘}{晷} = 3 \times \frac{剩餘}{日法} = 1、2$
數中任一數,其1為
强,二為少弱。若除出後,仍有餘數,餘數
若大于半法,則收成1。若小于半法,棄去
不用。又將兩得强弱數和少、半、太組
合時,則:三强 $+$ 少 $=$ 少强。三强 $+$ 半 $=$ 半强。
强 $+$ 太 $=$ 太强。强 $+$ 强 $=$ 二强 $=$ 少弱。
少弱 $+$ 少 $=$ 半弱。半弱 $+$ 半 $=$ 太弱。少弱 $+$
太 $=$ 一辰弱。朔弦望加時,記載于各曆

中的，則某日的第几辰，并附帶有太、半、少及強、弱數，是为通例。所谓："以所在辰命之，則各得莫少、太半及強弱也。"

至于望有月蝕在中節前後四日以下，而定小餘小于限數，或在中節五日以上，而定小餘小于間限，則均以秫上为日，即較通常以夜半为日始的例，应退一日。

斗二十六分四百五十五		牛八	女十二	虛十二	危十七
室十六			壁九		
	北方九十八度分四百五十五				
奎十六		婁十二	胃十四	昂十一	畢十六
觜二		參九			
	西方八十度				
井三十三		鬼四	柳十五	星七	張十八
翼十八		軫十七			
	南方百一十二度				
角十二		亢九	氐十五	房五	心五
尾十八		箕十一			
	東方七十五度				

二十八宿所佔赤道廣度为 $365°$ 又 $\frac{455}{1843}$。自漢唐都分部，落下闳运秫轉厤，追二十八宿相距于四方，落下闳实測二十八宿

赤道廣度，称为"太初星距"，相沿承用，未有变更。至唐一行作大衍麻，始行重测，改畢、觜、參、鬼四宿距度。景初麻所记载各宿度數，和太初星距，毫无所异。不过周天以纪法为分母，从而其斗下所附记的斗分，遂有所不同。

中節日所在度	日行黄道去極度	
日中晷景	晝漏刻	夜漏刻
昏中星	明中星	
冬至 十一月中 斗二十一少	百一十五度	
丈三尺	四十五	五十五
奎六弱	亢二强	
小寒 十二月節 女二少	百一十三强强	
丈二尺三寸	四十五八分	五十四二分
婁五半强	氐七强	
大寒 十二月中 虚女半强	百一十六八分	五十三二分
丈一尺	心半	
胃十一 太强危	百	
立春 正月節 十太弱	四十六少弱 六分	五十一四分
九尺六寸	尾七半弱	
畢五 少弱	尾七半弱强	
雨水 正月中 八太强室	百	

七尺九寸五分	參 六半弱 二月八節強	五十 八分 箕半弱 九十五 強三少	四十九 二分
驚蟄	六尺五寸 少弱 壁 井十七 二月八節強	五十三 三少 斗初	四十六 七分
春分	五尺二寸 五分 奎四少 節強 二月十	八十九 少強八分弱 五十五 斗十一	四十四 二分
清明	四尺一寸 五分 鬼 胃 三月節半	八 十三 少弱三分一半 五十八 斗二十一 太強	四十一 七分
穀雨	三尺二寸 星 昴 三月二中太	七 十七 少 六 十五 分半 牛六	三十九 五分
立夏	二尺五寸 二分太 張 畢 四月節六太	七 十三 少弱四分 六 十二 女十一 少弱太	三十七 六分
小滿	一尺九寸 八分 翼 四中弱 四月二	六 十九 六 十三 九分太 危七弱	三十六 一分
芒種	一尺六寸 八分 角 井半弱 五月節半	六 十七 少弱九分 六 十四	三十五 一分

亢五 太　　　　　危十四 強強

夏至 五月中 井半 二強　　六十七

五十 尺五寸　　　　六十五　　　三十五

氐十二 少弱 柳　　　　室十二 強強 太強七分

小暑 六月節 太陰　　六十七

尺七寸　　　　　六十四　　　三十五 三分

尾一 太陰 中　　　　奎二十 太強

大暑 六月 星四陰　七十

二尺　　　　　　六十三 太　　三十六 二分

尾十五 半強 張　　　婁三

立秋 七月節 少　　七十三 半強三分

二尺五寸 五分　　六十二 二太弱

箕九 太強 中　　　胃九 八 半強

處暑 七月 翼九半　七十八

三尺三寸 三分　　六十二 太　三十九 八分

斗十 八輪 節　　　畢三

白露 八月節 太　八十 少強八分

四尺 三寸 五分強　五十七 少強少陰

斗二十一 尾 節強　　參五 少強少陰　四十二 二分

秋分 八月 竹強 三寸　百七

丈八 危八 強　　　四十八 二分太強　五十一 八分

張十五

節氣	晷影	宿度		
寒露 九月節元弱	六尺八寸五分	女七太	九十六 太强六分	五十二 少强少强三分 鬼三	四十七 四分
霜降 九月中氐十四少强	八尺四寸	虛六太	百二二 五十 少强三分 星三太	四十九 七分
立冬 十月節氐十四半强	丈八寸三分	危八强	百七少强 四十八 三分太强弱 張十五	五十一 八分
小雪 十月中箕一太强	丈一尺四寸半强	室三月半强	百十一 七分太 四十六 十五 翼十五	五十三 三分
大雪 十一月節斗六	丈二尺五寸六分	壁半强	百一十三 太强 四十五 三分少强 軫十五	五十四 五分

暴漏測定所用表

第一縱欄 分二十四氣，各月中節及日所在度三項。

日所在度，以牛前五度，即冬至，日在斗 21°

又 $\dfrac{455}{1843}$ 處為起祘点。

$$\frac{455}{1843} = \frac{乂}{4} \qquad 故 \quad 乂 = \frac{1820°}{1843} \fallingdotseq 1$$

60

$$\frac{孔}{4}=\frac{1}{4} \qquad 故 \quad \frac{455}{1843}=少$$

表示冬至日所在度，为 $21°$少。又因日每日行一度，故由冬至後的中節相距为：

$$\frac{360\frac{967°}{1843}}{24}=15日\frac{402\frac{11}{12}}{1843}=15日\frac{2.623}{12}\approx15°少$$

即于冬至日所在度，遞次加入 $15°\frac{2.623}{12}$ ，得冬至以後各中節日所在度。度的小數點以下數，以12为分母，并用四捨五入法，記以少、半、太及强弱。如前面"求加時"的說明。例如：

冬至　$21°$少 $+15°$少 $=36°$少

$$36°-26°\frac{455}{1843}-8°=2°少$$

小寒　$2°+15°$少 $=17°$少

$$17°少-12°=4°半强。$$

第二縱欄　为日行黄道去極度。景初曆對于从赤道度求黄道度之法沒有記載。漢賈逵四分曆开始在銅儀上刻划所推二十八宿黄道距度，載於《續漢志》。魏晋以来，相沿承用；至隋皇極曆始改宿度。唐麟德曆和大衍曆加以復測。至宋應天曆以後，每更一法，必易黄道度，但并非全由實測。大概都是根据赤道度的比例推祘的。

四分曆進退二十八宿赤道度，以為黄道度。

例如：斗退之，即赤道度 26°.25，變為黄道度 24°.25

危進之，即赤道度 17°，變為黄道度 19°。

乃將二十八宿黄赤道度，載于渾儀，以求二十四气黄道去極度。四分曆稱：" 黄道去極，日景之生，据儀表也。" 黄道去極，是根据渾儀進退；日景則是据曆圭表測定的。

景初曆中气黄道去極度數，和四分曆只有六气微有差异，乃由曆的斗分微差所致，餘則全全相同。故景初曆的黄道去極，實際是沿用四分曆的。

第三縱欄　日中晷景，得自圭表；實際也是沿用四分曆的。

第四第五兩欄　為晝漏刻和夜漏刻，是根据黄道去極度數祘出的。即：

冬至至黄道去极差
48°：冬夏至刻差20刻＝前後气黄道去极度
　　的差：前後漏刻差

故　前後气漏刻差 ＝ $\dfrac{20 \times 前後气去极度差}{48}$ ＝K

所以冬至后晝,夏至后夜,由K＋前气漏刻＝本气漏刻
　　夏至后晝,冬至后夜,由前气漏刻－K＝本气漏刻

第六第七两栏　昏中星及明中星,是根据
日所在度求出来的。即由日周运动,每日日始
(即夜半)日向西运行,厤一周天度,还至
原处,需時一百刻。自夜半至明,与半夜漏
刻相当。自明至中,与半晝漏刻相当。
由此比例,求得昏時日所在距中度

　　＝天度×$\dfrac{半晝漏}{100}$＝天度×$\dfrac{晝漏}{200}$

故　明時日所在距中度

　　＝天度－$\dfrac{天度×晝漏}{200}$＝天度$\dfrac{200-晝漏}{200}$

丝二十八宿增加的方向,和日周运动所生的
方向,正相反。在一个日周运动内,日也同時
東行一度。故明中星的计祘,須由明時日

63

所在度的距中度，加入自夜半至明的日東
行度數。昏中星的計祘，須由昏時日所在
度的距中度，加入自夜半至昏的東行度數，
由是左先作二式：

$$100 刻：半夜漏刻 = 1°：z_1$$

$$故 \quad z_1 = \frac{1° \times 夜漏刻}{200} = 自夜半至明，日東$$

行度數 $100 刻：100 - 半夜漏刻 = 1°：z_2$

$$故 \quad z_2 = \frac{1° \times (200 - 夜漏刻)}{200} = 自夜半至昏，$$

日東行度數

$$故 \quad 明中星 = \frac{\{天度(200 - 晝漏) + 夜漏\}}{200}$$

$$= 天度 - \frac{天度 \times 晝漏 - 夜漏}{200}$$

$$= 天度 - 定度$$

$$昏中星 = \frac{(天度 \times 晝漏 + 200 - 夜漏)}{200} = 定度 + 1$$

$$定度 = \frac{天度 \times 晝漏 - 夜漏}{200} \quad 此為四分曆$$

計祘昏明中星所用专名。景初曆記載昏
明中星度，和四分曆同。其計祘時也是
沿用四分曆的。

例如：景初厤 天度为 $365° \frac{455}{1843} \doteq 365°.25$

冬至昼漏 $45 \times 1° = 45°$

夜漏 $55 \times 1° = 55°$

$\dfrac{(天度 \times 45 - 55)}{2 \cdot 00} = 81°.91 = 定度$

由天度-定度 $= 283° \frac{34}{100} = 283° \frac{12}{12} =$ 明中星积度，再加入 冬至日所在 度斗 $21 \frac{1}{4}$ 度，共得从斗起祘 $304° \frac{1}{6}$ 度。用各宿次去之，至不满尢宿尚除 $2° \frac{1}{6}$ 度，得冬至明中星 尢 2 度少强。由 定度 $+1 = 82°.91 = 82° \frac{12}{12} =$ 昏中星积度。再加冬至日所在度 斗 $21 \frac{1}{4}$ 度，得 $104° \frac{1}{6}$ 度。从斗初起祘，嶝去其各宿次，至奎宿不满 $5° \frac{12}{12}$，即得冬至昏中星奎五度弱。其它各气昏明中星计祘，仿此。

右中筯二十四氣，如术求之，得冬至十一月中也。加之得次月節，加節得期中。中星以日所求为正，置所求年二十四氣小餘四之，如法得一为少；不盡廿三之。如法为强。两以减其節氣昏明中星各定。

這是说明二十四中節，分配于各月的方法。每月"日至其初为节，至其中为中"。惟冬至

中气为天正十一月起祆，所谓："如衔求之，得冬至十一月中也。"遞次加入中節相距日數

$$15 \cdot \frac{402\frac{1}{2}}{1843}$$

得次月以下各中節，所谓"加之得次月節，加節得其月中也。"中星則由各中節日所在度而生，已見前条。至所求年二十四气昏明中星度餘，先將它改成分母為4除出後得1為少，得2為半，得3為太。仍有不盡數，令

$$\frac{不盡數}{4} = \frac{x}{3} \quad 故 \quad x = 3 \times \frac{不盡數}{4}$$

除得數四捨五入，得1為強，得2為少弱，即各得少、半、太及強弱組合數。用它估為度餘為定。所谓："如法得一為少，不盡少三之，如法為強，所以減其節气昏明中星各定。"所以減其節气昏明中星各定十二字，疑有脫误。

推五星術

五星者，木曰歲星，火曰熒惑，土曰填星，金曰太白，水曰辰星，凡五星之行，有遲有疾有留有逆。曩自開闢，清濁始分，則日月五星，聚於星紀，發自星紀，并而

行天，遲疾留逆，互相逮及；星与日会，同宿共度，则谓之合。從合至合之日，则谓之終。各以一終之日，与一歲之日通分相约，終而率之，歲數歲次歲率当则谓之合終歲數，歲終则谓之合終合考術文數。二率既定，则法數生焉。以章歲乘合數，為合月法，以紀法乘合數為日度法，以章月乘歲數為合月分，如合月法為合月數。合月之餘為月餘，以通數乘合月數，如日法而一為大餘，以六十去大餘，餘為星合朔。大餘之餘為朔小餘，以通數乘月餘，以合月法乘朔小餘，并之，以日法乘合月法除之，所得星合入月日數也。餘以朔通法约之，為入月日，以朔小餘減日法，餘為朔虛分。以曆斗分乘合數，為星度斗分。木火土各以合數減歲數，餘以周天乘之，如日度法而一，所得則行度數也。餘則度餘，金水以周天乘歲數，如日度法而一，所得則行星度數也。餘則度餘也。

从地球上观测五星运行，有時疾，有時遲，有時留，有時逆行。景初曆推测天地开闢之時，清濁始分，日月五星聚集在十二次之一的星纪次。从此以後，同時运行。"聚于星纪，並而行天。"產生遲疾留逆，各異其行。有時星和太陽相会，宿度相同；称之为合。由前合至後合的日數，和一歲的日數通分相約，得合數和歲數的一終。景初曆的木星有两个終章。一为 1255，称为合終歲數；一为 1149，称为合終合數。其它四星，依此計称。两个終章確定，産生下列法數。即：

合月法＝章歲 ✕ 合數

日度法＝纪法 ✕ 合數

合月分＝章月 ✕ 歲數

$$合月數 ＝ \frac{合月分}{合月法} ＝ 月數 ＋ 月餘$$

月餘∴合月法为分母

原文"如合月法"疑脱"而一"二字

$$通數 ✕ \frac{合月數}{日法} ＝ 大餘 ＋ \frac{小的}{日法}$$

大餘 － 60的若干倍 ＝ 星合朔

小餘为朔小餘

$$\frac{通數✕月餘 ＋ 合月法✕朔小餘}{日法 ✕ 合月法} ＝ 星合入月日數 ＋ \frac{剩餘}{日法✕合月法}$$

$$\frac{剩餘}{朔虚法} ＝ 入月日餘$$

日法 － 朔小餘 ＝ 朔虚分

$$\text{曆斗分} \times \text{合數} = \text{星斗分}$$

木、火、土三星

$$\frac{(\text{歲數} - \text{合數})\text{周天}}{\text{日度法}} = \text{行星度數} + \frac{\text{度餘}}{\text{日度法}}$$

金、水二星

$$\frac{\text{歲數} \times \text{周天}}{\text{日度法}} = \text{行星度數} + \frac{\text{度餘}}{\text{日度法}}$$

木合終歲數一千二百五十五　　　　1255

合終合數一千一百四十九　　　　　1149

合朋法二萬一千八百三十一　　　　21831

日度法二百一十一萬七千六百七　　2117607

合月數十三　　　　　　　　　　　13

月餘萬一千一百二十二　　　　　　11022　_{当作}11122

朔大餘二十三　　　　　　　　　　23

朔小餘四千九十三　　　　　　　　4093

入月日十五　　　　　　　　　　　15

日餘百九十九萬五千六百六十四　　1995664

朔虛分四百六十六　　　　　　　　466

斗分五十二萬二千七百九十五　　　522795

行星度三十三　　　　　　　　　　33

度餘百四十七萬二千八百　　　　　1472869　_{原文脫六十九}

這是木星运行一个会合的各法數。

木星的伏見留逆：" 凡一終三百九十八日，百九十九萬五千六十四分。"

398日　1995664分　以日度法為分母

$398\dfrac{日\ 1995664}{日度法}$　為前合和後合相距日數。

由此得一歲日數，對于一合日數的比。即：

$$398\dfrac{日\ 1995664}{1149\times1843}=\dfrac{84480325\text{o}}{1149\times1843}=\dfrac{673150}{1843}$$

$$365\dfrac{日\ 455}{1843}$$

$$=\dfrac{\dfrac{1255\times673150}{1149}}{573150}=\dfrac{1255}{1149}=\dfrac{合終歲數}{合終合數}$$

即：一歲日數对于一合日數的比，等于合終合數對于合終歲數的比。

次求合月法

一合年數 $=\dfrac{1255}{1149}$

一年月數 $=\dfrac{章月}{章歲}=\dfrac{235}{19}$

一合月數 $=\dfrac{1255\times235}{19\times1149}=\dfrac{合月分}{合月法}$

$1149\times19=21831$　合月法

日度法 $=1843\times1149=2117607$

$\dfrac{合月分}{合月法}=\dfrac{1255\times235}{1149\times19}=\dfrac{294925}{21831}=13+\dfrac{11122}{21831}$

合月數 13   月餘 11122

次求一合的日數, 因一月的日數。

$$\frac{通數}{日法} = \frac{134630}{4559}$$

$$一合日數 = \left(13 + \frac{11122}{21831}\right)\frac{134630}{4559}$$

$$= \frac{13 \times 134630}{4559} + \frac{11122 \times 134630}{21831 \times 4559} = 383 + \frac{4093}{4559}$$

將整數部分減去 60 的倍數, 得朔大餘 23。

將分數部分和上式分數相加, 得

$$\frac{4093 \times 21831}{4559 \times 21831} + \frac{11122 \times 134630}{21831 \times 4559}$$

$$= \frac{通數 \times 月餘 + 合月法 \times 朔小餘}{日法 \times 合月法}$$

$$= \frac{89354283}{99527529} + \frac{1497354860}{995275529} = \frac{1586709143}{99527529}$$

$$= 15 + \frac{93796208}{4559 \times 合月法} = 15 + \frac{47 \times 1995664}{47 \times 97 \times 合月法}$$

$$= 15 + \frac{1995664}{97 \times 合月法}$$

得 入月日 15   1995664 日餘

97 × 合月法 = 日度法, 故日餘以日度法為分母。

又朔虛分, 即 日法 − 朔小餘 = 4559

$$-4093 = 466$$

星斗分，即 厤斗分×合數＝455×1149＝522795
星行度，即 一合年數×周天－周天的若干倍＝
小于周天的度數

木星 $\dfrac{1255}{1149} \times \dfrac{673150}{1843} - \dfrac{1149}{1149} \times \dfrac{673150}{1843}$

$= \dfrac{(1255-1149)}{1149} \times \dfrac{673150}{1843} = \dfrac{106 \times 673150}{日度法}$

$= \dfrac{71353900}{日度法} = 33° + \dfrac{1472869}{日度法}$

得 木行星度 33° 度餘 1472869

火合終歲數五千一百五

合終合數二千三百八十八

合月法四萬五千三百七十二

日度法四百四十萬一千八十四

合月數二十六

月餘二萬三

朔大餘四十七

朔小餘三千六百二十七

入月日十三

日餘三百五十八萬五千二百三十

朔虛分九百三十二

斗分百八萬六千五百四十

行星度五十

度餘百四十一萬二千一五百十

土合終歲數二千九百四十三

合終合數三千八百九

合月法七萬二千三百七十一

日度法七百一萬九千九百八十七

合月數十二

月餘五萬八千一百五十三

朔大餘五十四

朔小餘千六百七十四

入月日二十四

日餘六十七萬五千三百六十四

朔虛分二千八百八十五

斗分百七十三萬三千九十五

行星度十二

度餘五百九十六萬二千二百五十六

金合終歲數千九百七

合終合數二千三百八十五

合月法四萬五千三百一十五

日度法四百三十九萬五千五百五十五

合月數九

月餘四萬三百一十

朔大餘二十五

朔小餘三千五百三十五

入月日二十七

日餘十九萬四千九百九十

朔虛分千二十四

斗分百八萬五千一百七十五

行星度二百九十二

度餘十九萬四千九百九十

水合終歲數一千八百七十

合終合數萬一千七百八十九

合月法二十二萬三千九百九十一

日度法二千一百七十二萬七千一百二十七

合月數一

月餘二十一萬五千四百五十九

朔大餘二十九

朔小餘二千四百一十九

入月日二十八

日餘二千三十四萬千二百六十一

朔虛分二千一百四十

斗分五百三十六萬三千九百九十五

行星度五十七

度餘二千三十四萬四千二百六十一

　　火、土、金、水四星各法數計祘，和木星相同。
惟火星行度，須由：合年數×周天－乙×周天，
始合術文。

$$\left(\frac{5105}{2388}-1\right)\frac{673150}{1543}=\frac{1828948550}{4401084}$$

$$=415°\frac{2498690}{日度法}\qquad 減去周天度$$

$$365°\frac{1086540}{日度法}，得\ 50°\frac{1412150}{日度法}$$

　　至于金水二星，它的一合年數，小于一年。

金星行星度

$$\frac{1907}{2385}\times\frac{673150}{1843}=\frac{1283697050}{4395555}$$

$$=292°\frac{19499°}{日度法}$$

水星行星度及度餘，同樣計祘。

　　　推五星

術曰：置壬辰元以來，盡所求年，以合終合數
乘之，淌合終歲數得一，名積合，不盡名合餘。

以合終合數減合餘,得一者星合往年,得二者合前往年,無所得合其年,餘以減合終合數,為度分,金水積合偶為晨,奇為夕。

由壬辰元以来盡所求年。

合終歲數:合終合數=入元以来至所求年:

$$元 = \frac{合終合數 \times 入元以来年數}{合終歲數} = 積合 + 合餘$$

相当積合之

合餘以歲數為分母

合餘<合終歲數,而屬于減剩年數的合數分,故 $\frac{合餘}{合終歲數}$ = K。K為星最後合至所求年冬至所距的年數。若 K=1,最後合在所求年的前一年;若 K=2,最後合在所求年的前二年;若 K<1,最後合在所求年。木土二星,K 的最大值,等于 1+剩餘,而在火星等于 2+剩餘。剩餘是以合數為分母;而小于合數,故 合數-剩餘=所求年冬至后年餘的合數分,称為度分。金水二星,合數大于歲數,以 $\frac{合數}{歲數}$,則得 1,水得6,即一歲间,金

金得 1—2合，水 1—6合。最後合在所求年。

金水皆為内行星，从地观測，以二合為一终。一為晨合，一為夕合。若壬辰元，从夕合起祘，則積合奇為晨合，偶為夕合。

推五星合月

以月數 月餘各乘積合，餘滿合月法従月，為積月，不盡為月餘。以伝月除積月，所得算外，所入伝也。餘為入伝月，副以章閏乘之。滿章月得一為閏，以減入伝月，餘以歲中去之。餘為入歲月。命以天正起算外，星合月也。其在閏交際，以朔御之。

五星各法數的计祘，知一合所需月數=合月數 $+\dfrac{月餘}{合月法}$，由壬辰元以来積合，得：

$$壬辰以来積月 = \left(合月數 + \dfrac{月餘}{合月法}\right)積合$$

$$= 積月數 + \dfrac{不盡數}{合月法}$$

不盡數為月餘。纪月：一纪=積月數；又纪

$$又 = \dfrac{積月數}{纪月} = 所入纪 + \dfrac{入纪月}{纪月}$$

章月：章閏=入纪月：相当閏數又′

$$x' = 入紀月 \times \frac{章閏}{章月} = 入紀月所含閏數$$

入紀月 — 所含閏數 = 无閏的入紀月數

更由无閏的入紀月 — 歲中12的若干倍

＝小于12的月數，即為入歲月數。

以天正十一月為起祘点外，得星合月。

若星合月遇到閏月交界处，是否星合閏月，以朔為進退。

推合月朔

以通數乘入紀月，潙日法得一為積日，不盡為小餘。以六十去積日，餘為大餘。命以所入紀算外，星合朔日也。

$$\frac{通數}{日法} = 朔策 \quad 29^{日}\frac{2419}{4559}$$

將入紀月，以一月的日數乘之，即：

$$入紀月 \times \frac{13463^{0}}{4559} = 積日 + \frac{不盡數}{日法}$$

不盡數為小餘

由積日 — 60的若干倍 = 大餘。

命以所入紀為起祘点，即得星合朔日。

推入月日

以通數乘月餘，合月法乘朔小餘，并之，通法约之，所得泐日度法得一，則星合入月日也。不泐為日餘，命以朔算外，入月日也。

$$\frac{通數 \times 月餘 + 合月法 \times 朔小餘}{通法 \times 日度法}$$

通數 × 日度法 = 日法 × 合月法

因此和上面計祘木星一合日數相同。

命以朔為起祘点外，得星合入月日。其餘有不盡數，為日餘。

推星合度

以周天乘度分，泐日度法得一為度，不盡為餘。命以牛前五度起算外，星所合度也。求後合月，以月數加入歲月，以餘加月餘。餘泐合月法得一月。月不泐歲中，即在其年泐去之，有閏計焉。餘為後年，再泐在後二年。金水加晨得夕，加夕得晨也。

$$\frac{度分}{合數} = 所求年冬至後的年餘$$

$$\frac{673150}{1843} \times \frac{度分}{合數} = 度數 + 不盡數$$

不盡數為餘，以日度法為分母，並以牛前五度為起祘点外，即星合度。

以求後合月的星合度，由"推五星合月"項，求得入歲月 + $\frac{月餘}{合月法}$，再由五星各法數計祘內，得合月數 $+\frac{餘}{合月法}$，兩數相加，即：

$$入歲月 + 合月數 = 總月數$$

$$\frac{月餘 + 餘}{合月法} = \frac{月小餘}{合月法}$$

如 月小餘 ＞合月法，得一个整月；剩爲月小餘。所加得的總月數，在 12月以下，(如遇閏月，在 13月以下。) 則星合度，即在所求年；以上則減去 12，星合度則在所求年的後一年。仍在以上，仍減去 12，星合度在所求年的後二年。金水對于星合度 "加晨得夕，加夕得晨"，解已見前。

求後合朔

以朔大小餘數，加合朔月大小餘，其月上成月者，又加大餘二十九，小餘二千四萬一十九。小餘滿日法從大餘，命如前法。

前論 "推合月朔"，由 "合月數" "月餘" "朔小餘" 四項，求得星合月的朔日。

朔日例按甲子干支排列命名，故求後合朔，須將法數中某星經过一合所得的大小餘，加前合朔的大小餘即可。自前合至後合，所經日數按六十倍數棄之。剩下的，法數中朔大小餘。所謂："以朔大小餘數，加合朔大小餘"，得後合朔。所謂："以月餘上成月者"為月餘得一月之意。

$$一朔望月 = \frac{134630}{4559} = 29^{日}\frac{2419}{4559},$$

应加大餘 29，小餘 2419。

求後入月日

以入月日日餘，加入月日及餘。餘滿日度法得一。其前合朔小餘，滿其虛分者去一日，後小餘滿二千四百一十九以上，去二十九日，不滿去三十日，其餘則後合入月日。命以朔求後合度。命以朔求後合度訖，命以朔三字衍，今改。以度數及分，如前合宿次命之。

由壬辰元至所求年，得積合。依五星法數，得積合相应的合月數及月餘。復由合月數，推朔小餘。由月餘及朔小餘，推入月日及日餘。

今得前入月日及日餘，求後入月日及日餘？

由前合推後合，所得一合的应加值，加入前合各值。例如：

將前合的合月數，以加後一合的合月數和月餘，用以推朔大小餘。這樣和兩者各自推其大小餘而相加，是相等的。以由月餘兩推入月日及日餘占之。換言之，由前合的合月數各法數，加入一合相應的各法數，即得後合的相應值。即為由前入月日日餘，加入法數中入月日而得後入月日及餘。即術文所謂："以入月日餘，加入月日餘。"加至兩日餘，皆以日度法為分母，相加後滿日度法得一日。若前合朔小餘，在今所得的虛分以上，則前後兩个朔小餘相加，大于日法，則後合所入月，應為大月。但這兩个朔所命的月份，不是接連的，大月應歸入前月。所以于後入月日內，應減去一日。若兩入月日及日餘相加後在整月日數以上，則後合朔小餘，大于2419時，再加一个月的小餘2419，後合所入應為大月。前月應為小月，應減二十九日。若後朔小餘，小于2419則前月應為大月，應減三十日。均減後始得後合入月日。

　　至于求"後合度"，求以前後度數，加法數中的度數，前合度餘加法數中的度餘，但兩度餘相加後，仍以日度法為分母。

木晨与日合、伏、順十六日，九十九萬七千八百三十二分，行星二度，百七十九萬五千二百三十八分，而晨見東方。

　　這是木星的观測记録。"木晨与日合"，即当晨時，木和日同宿共度。這和日月合朔的道理相同。就以此為推祘起点。"伏"是星光為日光所掩，蒙翳星伏不見。"順"是順日而行，即和日同方向行。経過十六日，又997832分。這997832分是日餘。以木星的日度法為分母。行星二度，又1795238分。這1795238分是度餘，亦以木星日度法為分母。晨所行二度有奇，对日而言。日每日東向行天一度，十六日有奇，東行十六度有奇；同時，星東行二度有奇，是星離日十三度許。因此，在日将出之時，晨見東方。

在日後，順、疾，日行五十七之十一，五十七日行十一度。順、遲，日行九分五十七日，行九度而当不行，二十七日而详。

　　星在日的後面，"順疾"是順日而疾行。57日行11°。每日行$\frac{11}{57}$。日自合

後行 $16°餘 + 57° = 73°餘$，星共行 $2°餘$ + $11° = 13°餘$。星離日 $60°餘$，自此以後，星順日遲行，57 日行 $9°$，即每日行 $\frac{9}{57}°$（術文簡言："日行九分"，詳寫左為"日行五十七分度之九"。此簡言之，下皆仿此。）星留不行，計 27 日。在這時期，日又行 $57° + 27° = 84°$。星只行 $9°$，是又離日 $84° - 9° = 75°$，加入前離日 $60°$有奇，共離日 $135°$有奇而旋。"旋"是旋饒方向。

逆日行七分之一，八十四日退十二度，而復留二十七日，復順遲（原作復遲，復下脫順字，今加入），日行九分，五十七日行九度，而復順疾，日行十一分，五十七日行十一度在日前，夕伏西方。

星和日行，方向相反。每日行七分度之一，經 84 日，退行 12 度。每日退 $\frac{12}{84} = \frac{1}{7}$，復留 27 日，星再順行改遲。57 日行 9 度，星再順行加疾。57 日行十一度。日行 $\frac{11}{57}$，在日前夕伏西方。在這時期，日共行 $84° + 27° + 57° + 57° = 225°$，星行則 $-12° + 9° + 11° = 8°$，星又離日 $225° - 9° = 216°$，再加前 $135°$有奇，

星共离日 351° 有奇。将這离日度數，以减全周度 365°. 24688，得 14° 許，而在日所，後為日光所掩。所谓："夕伏西方。"

順，十六日九十九萬七千八百三十二分，行星二度百七十九萬五千二百三十八分，而与日合。

星仍順日東行，徑过十六日有奇，行星二度有奇。星在前，日在後，星行二度許，日行十六度許，日逼追過相對距離 14° 許，而星日同度。凡一終三百九十八日，百九十九萬五千六百六十四分，行星三十三度百四十七萬二千八百六十九分。

凡一合所徑过的時間，及星行宿次度數，称為一終。今称行星会合周期。日共東行了 98° 有奇，得 398 日有奇，星行 45° 有奇。除去退行 13°，共東行 33° 有奇。

火晨与日合。伏。七十二日，百七十九萬二千六百一十五分，行星五十六度，百二十四萬九千三百四十三分，而晨見東方。

解同木星。初伏時，日東行 72° 有奇，星東行 56° 有奇，星離日 16° 許，出於日光所掩范圍，在日將出前，晨見東方。在日後，順，日行二十三分之十四，百八十四日行百一十二度，更順遲，日行十二分，九十二日行四十八度，而留不行十一日而旋。

　　星在日後 16°許。在這時期，日共行 184°+92°+11°=287°，星共行 112°+48°=160°，故星離日 287°-160°=127°，加前 16°許，共 143°許。

　　但須注意：

$$\frac{112}{184}=\frac{14}{23} \quad 及 \quad \frac{48}{92}=\frac{12}{23}$$

逆日行六十二分之十七，六十二日退十七度，而復留十一日，復順遲，日行十二分，九十二日行四十八度，而復疾，日行十四分，百八十四日行百十二度，在日前，夕伏西方。

　　在這時期，日復東行 62°+11°+92°+184°=349°，星共行 -17°+48°+112°=143°，星離日 349°-143°=206°，加前 143°許，共 349°。又從 365°.24688-349°許=16°許。星在日前，夕伏西方。

順，七十二日百七十九萬二千六百一十五分，行星五十六度，百二十四萬九千三百四十五分，而与日合。

　　最終段落，日又行 72°許，星行 56°許，相差 16°許，這日恰好追及星行，故星与日合。

凡一終七百八十日，三百五十八萬五千二百三十八分，行星四百一十五度二百四十九萬八千六百九十分。

$$72许 + 287 + 349 + 72许 = 780许,$$
$$星行 432°奇 - 17° = 415°许。$$

土晨与日合。伏，十九日三百八十四萬七千六百七十五分半，行星二度六百四十九萬一千一百二十一分半，而晨見東方。

初期，日行十九度有奇，星行不及三度，星離日十六度有奇，晨見東方。

在日後，順日行百七十二分之十三，八十六日行六度半，而留不行三十二日半而旋。

这時 星在日後，日共行 $86° + 32°5 = 118°5$，星行 $6°5$，是星離日 $11乙°$，加前 $16°$有奇，得 $128°$有奇。

逆日行十七分之一，百二日退六度，而復留不行，三十二日半。復順，日行十三分，八十六日行六度半，在日前，夕伏西方。

這時，日又行 $102° + 32°5 + 86° = 220°5$，星行 $-6° + 6°5 = 0°5$，星離日 乙乙°。加前

$128°$有奇，得$348°$有奇，以減天周度數$365°.24688$，得$17°$不足，在日前的距離，已入日光所掩範圍，夕伏西方。

順，十九日三百八十四萬七千六百七十五分半，行星二度六百四十九萬一千一百二十一分半，而与日合。

終期，日又行$19°$有奇，星行$2°$半有奇，星距日$16°$有奇。日追及星行，而与日合。

凡一終，三百七十八日六十七萬五千三百六十四分，行星十二度五千九十萬二千二百五十六分。

解和木火二星同。木火、土三星，同以兩留之間爲對稱点。在對稱点前後，星行順逆及遲疾所經日數及度數均等。

金晨与日合，伏六日退四度，而晨見東方。在日後，而逆，遲，日行五分之三，十日退六度，留不行七日而旋。

初期，日行$6°$，星退$4°$，星離日$10°$，金星光度比較明亮，日後尚見東方。自是逆日而行，十日而退六度。留而不行，七日而旋。日共行 $6°+10°+7°=23°$，星離日 $-4°-6°=-10°$，星離日 $23°-(-10°)=33°$。

順遲，日行四十五之三十三，四十五日行三十三度，而順，疾，日行一度九十一分之十四，九十一日行百五度，而順，益疾，日行一度九十一分之二十一，九十一日行百一十二度，在日後，而晨伏東方。

星轉順日行，日行 45°，星行 33°，日行 91°，星行 105°；日行 91°，星行 112°，日共行 $45°+91°+91°=227°$，星共行 $33°+105°+112°=250°$，加前日共行 $227°+23°=250°$，星共行 $258°-10°=240°$，是星離日 10°，仍在日後，晨伏東方。

順，四十二日十九萬四千九百九十分，行星五十二度十九萬四千九百九十分，而与日合。一合，二百九十二日十九萬四千九百九十分，行星如之。

星順日行，日行 42° 有奇，星行 52° 有奇，減去星前離日 10°，得 42° 有奇，故星与日合。綜前記錄，日共行 $250°+42°$ 有奇 $=292°$ 有奇，星共行 $250°+52°$ 有奇 $-10°=292°$ 有奇。故曰："行星如之。"

金夕与日合，伏，順，四十二日十九萬四千九百九十分，行星五十二度十九萬四千九百九十分，而夕見西方，在日前。順，疾，日行一度十四分，九十一日行百五度，而順，益遲，日行四十五分之三十三，四十五日行三十三度，而留不行七日而旋，逆，日行五分之三，十日退六度。在日前，伏西方。逆，六日退四度，而与日合。

這返夕合紀錄，和前晨合相同，惟順序相反。解用相反順序即可。

凡再合一次，五百八十四日三十八萬九千九百八十分，行星如之。

再合，日行 584° 有奇，星行亦 584° 有奇。

水晨與日合，伏十一日退七度，而晨見東方。在日後，益疾，一日退一度，而留不行一日而旋。

晨合，伏而不見。日行 11°，星退 7°，星離日 11°+7°=18°，水星光度不大，晨始見之。日行 2°，星退 1°，當 1 日，故星離日 13°+8°=21°，星始旋轉。

順進，日行八分之七，八日行七度，而順，疾，日行一度十八分之四，十八日行二十二度，在日後，晨伏東方。

星轉東向，順日遲行，八日而行 7°，順日疾行，十八日行 22°，日共行 8°+18°=26°，星共行 7°+22°=29°。日共行，加前 26°+13°=39°，星共行，減退 29°-8°=21°，是星離日 39°-21°=18°，星在日後。

順，十八日二千三十四萬四千二百六十一分，行星三十六度二千三十四萬四千二百六十一分，而與日合。凡一合，五十七日二千三十四萬四千二百六十一分，行星如之。

　　星順日行，日行18°不足，星行36°，星前離日18°，今直追及，而与日合。

　　总计日行58°不足，星行亦58°不足，故言：行星如之。

水夕与日合，伏十八日二千三十四萬四千二百六十一分，行星三十六度二千三十四萬四千二百六十一分，而夕見西方。在日前，順、疾，日行一度十八分之四，十八日行二十二度；而更順、遲，日行八分之七，八日行七度；而留不行一日而旋，逆一日退一度，在日前，夕伏西方逆十一日退七度而与日合。

　　与晨合同，惟順序相反，以逆之序解之即了。

凡再合一终，百一十五日千八百九十六萬一千三百九十五分，行星如之。

　　解同金星。

　　五星厤步術

以法伏日度餘，加星合日度餘消日度法得一，從全命之如前，〔原作從全命如之前，「如之」二字倒置，今正。〕得星見日及度餘也。以星行分母乘見度分，如日度法得一分，不盡半法以上亦得一，而日加所行分，分消其母得一度，逆順母不同，以當行之母乘故分，如故母而一，當行分也。留者承前,逆則減之,伏不書度,除斗分以行母為率,分有損益,前後相衔。

求"星見日""星見度"?原文過於簡略,不易索解;今日逐句釋之。

"伏日度餘"指星伏不見,所經过的日數、日餘和星行的度數、度餘。"加星合日度餘"是說:加入星合日、日餘和星合度、度餘也即:以日加日,以度加度,以餘加餘。"滿日度法得一",即加得的餘,滿日度法,就得1°。"以法"指前"推星合入月日"和"推星合度"諸法,循此求得星見日及星見度和餘。"星見日""星見度"及餘,日是星与日合的日,度是星与日合的度。復加伏時星所需日數和星行的度。例如:木星伏16日及餘,行星之及餘,晨見東方。所谓星見,即晨見東方的日度及餘。見度分是若干分的日餘和度餘。"星行分母",例如:木順行時,以58為分母。"以星行分母,乘見度分,如日度法得一分",即將以日度法為分母的見度分,改為以行分母為分母的見度分。

$$\frac{見度分}{日度法} = \frac{x}{行分母}$$

$$即: x = \frac{行分母 \times 見度分}{日度法}$$

满日度法若干,即得若干分。其不盡数,在日度法之以上,命为一分,以下则弃去之。"日加所行分",例如:木星顺行,每日加十一分。"分满其母得一度"。例如:木顺行积满58分得1°。"逆顺母不同",例如:木星逆行,以七为母;顺行以58为母。"以当行之母,乘故分,如故母而一,当行分也"。例如:木星逆行,以七为当行之母,以前而命57为故母,不满57为故分。

$$\frac{当行母 \times 故分}{故母}$$

即从故母为分母的故分,改为以当行母为分母的当行分。

"留者承前,逆则减之"。例如:木星顺行後留,遇而逆行。当承前顺行度数。逆行時,逆行度在顺行度中减之。

"伏不书度",伏時不书所在宿度。

"除斗分以行母为率",例如:斗分455一分，以𢜫亥 1843 為分母，政為 $\dfrac{455 \times 行母}{1843}$。"分有損益，前後相御"。例如：滿半以上，得一稱益。不𣶂半者，棄之稱損。"前後相御"是说：前益者後应損，前損者後应益，互相调濟。

凡五星行天 遲疾留逆，離大率有常；至犯守逆順，難以術推。月之行天，猶有遲疾，况五星乎？雖日之行天有常，進退有率，不遲不疾，不外不内，人君德也。

這段语反映了那時的科学水平。已知"月有遲疾"，加以數字的记録和计祘；"日有盈缩"，還未覺察和發明。同時也说明了那時的科学家和司厤的專職人員把科学研究和知識，為封建统治阶级服務，宣揚封建主義，把那時的所谓：宇宙结構 天体系统 日和月及五星的关係，牡会成君和臣的关係，把"日"比之於君之德，从而顯示君有權力可以統治臣庶的。這顯然是立場错误，認识自然也是错误的。厤數原屬於自然科学。在阶级社会中，每一个人都在一定的阶级地位中生活，各种

思想无不打上阶级的烙印。楊偉把日比
之君德，说明他研究曆法，不可能是
纯学術的，超阶级的，而也是政治院
帅業務的。他的体系是封建主義的这
是封建性的糟粕，是应该批判的，但
他的部分的科学内容，应給以一定的
曆史的地位，应该批判地吸收的，
可以古為今用的。

求木合終歲數法

以木日度法乘一木終之日，内分，周天除之即得也。

木日度法　2117607。

一木終之日 $398\dfrac{1995664}{2117607}=\dfrac{844803250}{2117607}$

$2117607\dfrac{1255\times673150}{2117607}=1255\times673150$
$=844803250$

周天 673150。

故　$\dfrac{日度法\times木一終日數}{周天}=1255$ 合終歲數

求木合終合數法

以木日度乘周天，附纪法，所得復以周天除之，
即得。五星皆做此也。

$$\frac{日度法 \times 周天}{紀法} = \frac{2117607 \times 673150}{1843}$$

$$= 1149 \times 673150$$

後以 673150 除之，得 1149，即合終合數。五星倣此。

日度法 ＝ 合終合數 × 紀法

$$星通分納子後一終日數 = \frac{合終歲數 \times 周天}{日度法}$$

$$\frac{合終歲數 \times 周天}{日度法} \times \frac{日度法}{周天} = 合終歲數$$

又以 日度法 乘 周天

合終合數 × 紀法 × 周天

此式先以紀法乘，後以周天除 ＝ 合終合數。即符術文所言。

魏景初元年十一月小己卯蔀首乙亥歲十一月己卯朔旦冬至屈偉上。

魏景初元年丁巳為西元二三七年。

自1970、8、15 — 9.5.
写於杭大教員宿舍 两幢
两號

宋何承天元嘉曆資料

元嘉曆術

宋書曆書

二、

元嘉曆術

宋太祖入咸陽，得孔挺所造的渾儀，頗好曆數。永初元年改晉泰始曆為永初曆，行之二十五年，測候先天。

元嘉二十年，何承天撰元嘉曆。

何承天澄明堯典、兩漢中星的不同，由於歲差。並說："十九年七閏，數微多差，復改法易章，則用算滋繁；宜隨時遷革，以取其合。"當時承天已知趙歐曆始用破章法，嫌其運祘之繁，仍用舊章。至祖冲之乃復用之。

後漢志春分日長，秋分日短，差過半刻。二分在二至之間，而有長短。承天考定春秋分無長短之差，知楊偉沿襲四分曆晷影之非。又因合朔月食不在朔望，承天乃以盈縮定小餘，以正朔望之日，這是运用定朔的起源。

承天測中星以定歲差，因月食以檢冬至，比較古曆朔餘強弱而立調日法，都是他的創造發明。

元嘉曆見《宋書·曆志》、《古今圖書集成·曆象彙編·曆法典·曆法總部·宋一》。

元嘉曆法

上元庚辰，甲子紀首，至太甲元年癸亥，三千五百二十三年，至元嘉二十年癸未，五千七百三年算外。

元嘉曆上元為庚辰歲，紀首為甲子日。自上元至元嘉二十年癸未歲為 5703 年；但癸未歲不計祘在内。元嘉二十年癸未，相当於西元 453 年，太甲元年癸亥相当于西元前 1728 年。自元嘉二十年上距太甲元年為 2180 年。惟據《蕭辛源》世界大事年表，載太甲元年為戊申，在西元前 1753 年，差前 25 年；而戊申在癸亥前 15 年，皆不合。

元法三千六百四十八

一元六紀，即 6×608 ＝3648

章歲十九

紀法六百八

章月二百三十五

紀月七千五百二十

章閏七

紀日二十二萬二千七十

章歲、章月、章閏解釋已見景初曆，元嘉曆仍用古十九年七閏法。元嘉曆以

608年為一紀5紀32章，即 32×19=608。
以 7520 為紀月，一紀月32章月，即
32×235=7520，為一紀所有的月。
紀日為2222070，是一紀內的所有日數，以紀
法除之，即 $\frac{2222070}{608} = 365\frac{150}{608} = 360\frac{3190}{608}$。

此式得一歲日數及歲餘，同時又有餘數
3190，又為一紀的沒日數。便於計祿，今
作分數式 $\frac{360}{3190} = \frac{36}{319}$ ，即為一紀的沒日

和一歲的沒日之餘相比，前者稱為沒法，後
者稱為沒餘。

度分七十五

元嘉曆以雨水為氣首。當時雨水日在室
一度强，故承天不用斗分，而用室分。其曆又
說：度起室二。度分就是室分。

以度法除周天 $\frac{111035}{304} = 365\frac{75}{304}$

剩餘 75 即為度分。

度法三百四

氣法二十四

餘數一千五百九十五

歲中十二

一氣有 24 氣, 命為氣法; 有 12 中氣, 稱為歲中。以 2 除紀法 $\frac{608}{2} = 304$ 得度法。以 2 除紀日 $\frac{222070}{2} = 111035$ 得周天。用度法 304×360 以減周天, $111035 - 109440 = 1595$, 得餘數。

半紀法即度法, 乃取十六章, 合四分曆一紀之五分一。《宋書·律曆志》云:"三百四歲為一德, 五德千五百二十歲。《易緯·乾鑿度》五德之數, 先立金木水火土, 凡各三百四歲, 五德運行。元嘉度法三百四, 蓋一德之數也。" 實則元嘉求歲實, 以紀日除紀法, 可以 2 約之; 故度法、周天、月周均取半數, 為計祘便利也。

日法七百五十二

沒餘三十六

通數二萬二千二百七

通法四十七

沒法三百一十九

日法 $= 16 \times 47 = 752$, 為計祘便利, 稱 47 為通法。又以日法除數

$$\frac{22207}{752} = 29 \text{日} \frac{399}{752} = 29.530587 \text{ 為一}$$

月的日數。這數值比以往諸曆為精密。分子399稱為朔小餘。

何承天創調日法,是這分數的來源。

調日法就是用強率 $\frac{26}{49}$ 和弱率 $\frac{9}{17}$,兩子相加為子,兩母相加為母,得 $\frac{35}{66}$,乃與實測值分數比較,為小,再以 $\frac{35}{66}$ 為弱率,和強率 $\frac{26}{49}$ 相加,得 $\frac{61}{115}$。若所得較實測值,為小,則仍以為弱率。若大則以為強率。循此反復計祘。

元嘉曆 朔餘為 $\frac{399}{752} = \frac{26 \times 15 + 9}{49 \times 15 + 17}$,

是用上法計祘十五次後所得,故較諸曆為精密。

月周四千六十四

這是半紀的,也即16章,$16 \times 19 = 304$,的月行周天數,以度法除之,得

$13\frac{112}{304} = 13.368434$,即一歲的月行周數,亦即一月的月平均行度。

周天十一萬一千二十五　二十五、二字当作三,乃寫刻之誤。

半紀日 22207。

得周天 111035，以月周 4064 除之，得經天月 27.321640 日。

通周二萬七百二十一

周日日餘四百一十七

周虛三百三十五

通周 20721，以日法 752 除之，

$$\frac{20721}{752} = 27 日\frac{417}{752} = 27.55452 日，為月行$$

或稱近点月

遲疾厤一周的日數，六即最卑的日數。其剩餘 417，即周日日餘。$1 - \frac{417}{752} = \frac{335}{752}$，分子 335 稱為周虛。

會數一百六十

交限數八百五十九

會月九百二十九　二字当為三字之误

朔望合數八十

会数、交限数、会月和景初厤的会章、入交限数、会通相当。

会数 160 之半 = 朔望合数 80，

交限数 859 + 朔望合数 80 = 会月 939

以纪法除纪日，或度法除周，得歲寶。
（天）

$$\frac{222070}{608} = \frac{111035}{304} = 365.24671052$$

以紀月除紀日得朔策。

$$\frac{222070}{7520} = 29.53058510$$

以会數除会月得一交月數，倍之得交食年。

$$\frac{939}{160} = 5.86875 \ 得食月 \ 5月有奇。$$

以日法除通周得近点月。

$$\frac{20721}{752} = 27.55452 \ 日。$$

以月周除周天得徑天月，

$$\frac{111035}{4064} = 27.321640 \ 日。$$

自乾象曆以来，皆以徑天月与近点月並測。

甲子紀第一　遲疾差一萬七千六百六十三
　　　　　　交会差八百七十七

甲戌紀第二　遲疾差三千四十三
　　　　　　交会差二百七十九

甲申紀第三　遲疾差九千一百四十四
　　　　　　交会差六百二十一

甲午紀第四　遲疾差一萬五千二百四十五
　　　　　　交会差二十二

甲辰紀第五　遲疾差六百二十五

　　　　交会差三百六十三
甲寅纪第六　迟疾差六千七百二十六
　　　　交会差七百四

　　《宋书·历志》载何承天元嘉二十年上表说：
"臣授性顽惰，少所关解。自昔幼年，颇好历
数，就情注意，迄于白首。臣亡舅故祕书监徐
广素善其事，有既往七曜历，每记其得失。自
太和至泰元之末四十许多。臣因此岁考校至
今，又四十载。故其疏密差会，皆可知也。"
他的各纪中迟疾、交会二差，都是直接从
实测得来，得之於科学实践是很可宝
贵的。根据历术，某纪迟疾差加纪差数，
而得如比通周为大，应减去通周，便得
次纪的迟疾差。
　　例如：甲戌纪差 3043 + 纪差数 = 甲申
纪差 9144，故纪差数为 6101。
　　又：甲子纪差 17663 + 6101 = 23763，
减去通周 20721，得 3043，为甲戌纪差。
　　其它倣此。各纪交会差的计示亦同。
　　推入纪法
置上元庚辰，尽所求年，以元法除之。不满元法，
以纪法除之。余不满纪法，入纪年也。满

法去之，得後紀。

入甲午紀壬辰歲來至今元嘉二十年，歲在癸未二百三十一年算外。

推入紀年，置上元庚辰盡所求年，以元法除之，不滿，以紀法除之，餘為入紀年。

例如：上元至元嘉20年，積5703年，以元法3648，除之，即 5703-3648＝2055，即1元，餘2055年，不滿元法，以紀法608除之，即

$$\frac{2055}{608} = 3\frac{231}{608}$$

得3紀，餘231年，即元嘉20年癸未，入第四甲午紀之231年。

於是推合朔月食及運疾曆法，皆起自此紀。以交會差2乙，及運疾差15244，分別入算。

推積月術

置入紀年數算外，以章月乘之，如章歲為積月，不盡為閏餘，閏餘十二以上，其年閏。

推朔術

以通數乘積分為朔積分 [乘積分，分字疑為月字之譌。] 為積日，不盡為小餘，餘以 [滿日法] 六旬去

積日，不盡為大餘，命以紀算外，所求年正月朔日也。

以上解釋可參攷景初曆。

求次月

加大餘二十九，小餘三百九十九，小餘滿日法從大餘，即次月朔也。小餘三百五十三以上，其月大也。

求次月，即求次月的朔日，由所得正月朔日，加一月的日數，即加入 $29日\frac{399}{752}$，朔小餘十399，加滿日法752，即得 1 日。

$752-399=353$，故朔小餘加滿 $353+399=752$，以上，其月為大月。

推弦望法

加朔大餘七，小餘二百八十七，小分三，小分滿四從小餘，小餘滿日法從大餘，命如前上弦日也，又加之，得望；又加之得下弦。

求弦望，先把一月的日數，四等分之，即 $\frac{29\frac{399}{752}}{4}=7\frac{287本}{752}$，

7為大餘，287為小餘，其中 $\frac{3}{4}$，3為小分，滿4則從小餘，即為朔至弦，或弦至望的日數。故由本月朔日內遞加入

7 日 $\dfrac{287\frac{3}{7}}{752}$ ，遞次得上弦日、望日、下弦
及後月朔日也。

推二十四氣術

置入紀年算外，以餘數乘之，滿度法三百四為積沒不盡為小餘，大旬去積沒，不盡為大餘，命以紀算外，所求年雨水日也。　求次氣，加大餘十五，小餘六十六，小分十一，小分滿氣法從小餘，小餘滿度法從大餘，次氣日也。

雨水在十六日以後者，如法減之，得立春。

入紀年乘餘數 1595 一度法 304 的若干倍 = 積沒 十小餘。小餘一度法為分母。

積沒 一 60 的若干倍 = 大餘。

以本紀起祘，得所求年雨水日也。

次氣為雨水以次的節氣或中氣。將歲實 24 分之，即

$$\dfrac{\frac{111035}{304}}{24}=15\dfrac{66\frac{24}{}}{304}\ 得次气日數。$$

推閏月法

以閏餘減章歲，餘以歲中乘之，滿章閏得一，數從正月起，閏所在也。閏有進退，以無中氣御

之。

$$12 \frac{章歲-閏餘}{章閏} = 一月數 + \frac{不尽數}{章閏}$$

月數從正月起算，推至最後一月，始為閏月。如不尽數大于章閏 之，則亦算作一月，用為閏月，惟閏月以無中气為主，故可進退閏月。

立春 正月節	限數	一百九十四
	閒數	一百九十
雨水 正月中	限數	一百八十六
	閒數	一百八十二
驚蟄 二月節	限數	一百七十七
	閒數	一百七十二
春分 二月中	限數	一百六十七
	閒數	一百六十二
清明 三月節	限數	一百五十八
	閒數	一百五十四
穀雨 三月中	限數	一百四十九
	閒數	一百四十五
立夏 四月節	限數	一百四十二
	閒數	一百三十九
小滿 四月中	限數	一百三十六

	間數 一百三十四
芒種五月節	限數 一百三十三
	間數 一百三十二
夏至五月中	限數 一百三十一
	間數 一百三十二
小暑六月節	限數 一百三十三
	間數 一百三十四
大暑六月中	限數 一百三十六
	間數 一百三十九
立秋七月節	限數 一百四十二
	間數 一百四十五
處暑七月中	限數 一百四十九
	間數 一百五十三
白露八月節	限數 一百五十七
	間數 一百六十二
秋分八月中	限數 一百六十七
	間數 一百七十二
寒露九月節	限數 一百七十七
	間數 一百八十二
霜降九月中	限數 一百八十六
	間數 一百九十
立冬十月節	限數 一百九十四

間數 一百九十七

小雪十月中　限數 二百

　　　　　間數 二百三

大雪十一月節　限數 二百五

　　　　　間數 二百六

冬至十一月中　限數 二百七

　　　　　間數 二百六

小寒十二月節　限數 二百五

　　　　　間數 二百三

大寒十二月中　限數 二百

　　　　　間數 一百九十七

　大雪為首，中氣、節氣的限數，冬至最大，夏至最小。其餘在兩數的中間，從冬至處次減少。冬至根據四个曆法夜漏刻為55刻，一晝夜為100刻，從夜半至天明夜漏刻數，左為一半，日法為752，故

$$\frac{55 \times 752}{200} = 206.8，$$

即為冬至限數。又如處暑夜漏刻為39.8刻，則：

$$\frac{39.8 \times 752}{200} = 149.648，$$

即為處暑限數。

间限，即为两限数的平均数。例如：

立夏限数　　　142

小滿限数　　　136

两数相加平均，得立夏间限 278。其馀倣此。

推没滅術

因雨水積以没餘乘之，滿没法為大餘，不盡為小餘，如前所求年為雨水前没日也。　求次没加大餘六十九，小餘一百九十六，滿没法從大餘，命如前，雨水後没日也。

雨水前没多在故歲，常有五没，宜以没正之。

一年常有五没或六没，小餘盡為滅日也。雨水小餘三十九以還雨水六旬後，乃有推土用事法，置立春大小餘小分之數，減大餘十八，小餘七十九，小分十八，命以紀算外，立春前土用事日也。大餘不足加六十，小餘不足減減大餘一加度法而後減之，立夏立冬求土用事皆如上法。

没日即一歲 360 以外多餘的日數。術文说："因雨水積"，就是说從入纪年至所求雨水年（所求年不計在内）的積没。

命一纪年的積没 3190，對於一年的積没餘 360 之比，等於入纪年至所求年

的積沒，對于兩求率相當沒餘工之比。即

$$\frac{360}{3190} = \frac{36}{319} = \frac{工}{雨水積沒}$$

故　$工 = \dfrac{36 \times 雨水積沒}{319}$

求出工後，比分母雨水積沒的半分為小，故其最後沒日在雨水前；又因周天 111035，除以餘數，即

$$\frac{111035}{1595} = \frac{22207}{319} = 69^{日}\frac{196}{319} 。$$

故求次沒，在加大餘 69，小餘 196，而得雨水後沒日。

　　五行分配于四立，把一歲的日數 $\dfrac{\frac{111035}{304}}{5}$

$= 73\frac{15}{304}$，後4分之，

$$\frac{73\frac{15}{304}}{4} = 18\frac{79\frac{3}{4}}{304} 。$$

一歲四分，各減去此數，得土用事日，大餘不足減，加六十，小餘及小分不足減，則減大餘而加度法，小餘不足減，加大餘而後減之。

　　推日所在度法

以度法乘朔積度，不盡為分，命度起室二次宿

除之，算外，正月朔夜半日在度及分也。　求次日，日加一度，徑室去度分。

　　　推月所在度法

以月周乘朔積度，周天去之，餘泐度法為積度，不盡為分，命度如前，正月朔夜半月所在及度分。求次月，小月加度二十二，分一百三十三，大月加度三十五，分二百四十五，分泐度法成一度，命如前，次月朔月所在度及分也。厤先月法，以十六除月行分為大分，如所入遲疾加之，徑室去度分。

　　　求次月：

　　　月行度　　$13°\frac{7}{19} \times 29日 = 387°\frac{208}{304}$，

　　　減去周天　$\frac{110035}{304} = 365°\frac{75}{304}$

　　　　　　　$= 22°\frac{133}{304}$

　　　大月復加一日的平行度，即 $13°\frac{7 \times 16}{19 \times 16}$

　　　　　$= 13°\frac{112}{304}$，

　　　$22°\frac{133}{304} + 13°\frac{112}{304} = 35°\frac{245}{304}$

　　　推合朔月食術

置所求年積月以会數二百乘之，以所入交会紀差三十加之，満会月去之，餘則其年正月朔去交分也。　求次月，以会數加之，満会月去之，求望加会數朔望去交分，如合數以下，交限數以上。朔則交会，望則月食。

用会數 160 除会月 939，得食月 5 月有奇，与景初曆，以通數除会通，得食月 5 月有奇相同。景初曆以通數乘紀月，復以会通除餘之數作紀差。元嘉曆則以会數乘入紀年積月，加入所入交会紀差。若所加得之值大於会月，則須棄去若干倍之会月數，直至小於会月，即其年正月朔去交分也。若朔望去交分，小於朔望合數，而大于入交限數，朔則交食，望則月食。

　　推入遲疾曆法
置所求年朔積分所入遲疾差一萬五千二百四十五加之，満通周去之，餘満日得一日，不盡為日餘，命日算外，所求年正月朔入曆。　求次月，加一日，日餘七百三十四，求望加十四日，日餘五百七十五半，餘満日法成一日，日満二十七去之，除日餘如周日，日餘不足減，減一日，加周虛。

日滿二十七，而日餘不滿周日，日餘為損，周日滿去之，為入厤一日。

1524是甲午紀第四歷疾差率，元嘉20年癸未，即入第四甲午紀之31年。

歷疾差率是紀首合朔，月在表或里的位置，和近点月兩交点中任一交点的距离相当。差率加所入紀朔積分，即以交点為起祘点。

兩入紀朔積分 + 所入紀歷疾差率 — 通周的若干倍 = 小于通周的剩餘。

$$\frac{剩餘}{日法} = 日數 + 不盡數$$

不盡數即日餘，以日法為分母，除以近点月第一日起祘單位外，即正月合朔入厤日也。

求次月：

朔望月日數為 $\dfrac{222070}{7520} = 29^日\dfrac{399}{752}$

近点月日數為 $\dfrac{20721}{752} = 27^日\dfrac{417}{752}$

$29^日\dfrac{399}{752} - 27^日\dfrac{417}{752} = 1^日\dfrac{734}{752}$。

1日 $\frac{734}{752}$ 加入近点月日数，得次月合朔入厤。

如求正月望的入厤，在合朔入厤内，加半个朔望月日数 14日 $\frac{5755}{752}$，即得望的入厤。積日若满 27日 $\frac{417}{752}$ 棄去，如日餘大于 417，所谓"不足减"，则退一日，加周虚。

推合朔月食定大小餘法

以入厤日餘，乘入厤下損益率，以損益盈縮積分 值損則損之 值益則益之 為定積（一日益二，十五是也）分。以入厤日餘乘列差。

滿日法盈减縮加差法，為定差法，以除定積分，所得减加本朔望小餘，值盈則减 縮則加之 為定小餘，加之滿日法，合朔月食進一日，减之，不足减者加日法而後减之，则退一日，值周日者用日日定數。

定積分 = 入厤下盈縮積分 （值損則損之，值盈則益之。）

$$\mp \frac{\text{十日餘} \times \text{損益率}}{\;}$$

定差法 = 差法盈减縮加

$$\mp \frac{\text{入厤日餘} \times \text{列差}}{\text{日法}}$$

$$定小餘 = 朔望小餘 \mp \frac{定積分}{定差法}$$

定小餘加之，大於日法，合朔月食当進一日；减之，小於日法，加日法而後减之，則退一日。

推加時

以十二乘定小餘，满日法得一辰，數從子起筭外，則朔望加時所在辰也。有餘者四之，满日法得一為少，二為半，三為太半；又有餘者三之，满日法得一為强，半法以上挑成一，不满半法弃之，以强并少為少强，并半為半强，并太為太强，得二者為小弱，以并少為半弱，以并半為大弱，并太為一辰弱，以所在辰名之。

一日分為十二辰，即 $\dfrac{75之}{12}$ ，為一辰日餘。

以 $\dfrac{12 \times 定小餘}{日法} = 辰數 + \dfrac{不盡數}{日法}$，

從夜半子時起筭，即得朔望加時所在辰數，其不尽數，小于日法，四之，即 $4\dfrac{不尽數}{日法} =$ 1、2、3 數中的任一數，後 $+\dfrac{剩餘}{日法}$，則一命為少，二為半，三為太半。

又有剩餘，三之，即 $3 \times \dfrac{剩餘}{日法} =$ 1、之 數中的任一數 强，大于半法成1，小于半法，則弃去之。所得 3强的數和少、半、太逐念时，則：

强十少＝少强，强十半＝半强，强十太＝太强，
强十强＝小弱，少弱十少＝半弱，半弱十半＝太弱，
少弱十太＝一辰弱。

原作"大弱"，大疑為太之誤。

推合朔月食加時漏刻法

各以百刻乘定小餘，如日法而一，不盡什之，求分
先除夜漏之半，即晝漏加時刻及分也。晝漏盡又
入夜漏，在中節前後四日以還者視限數，在中節
前後五日以上者，視間限數，月食加時定小餘，不
滿數間數者，皆以算上為日。

每日定為百刻，日法為每日積分數，故
日法：100刻＝定小餘：相差刻數χ，故

$$\chi = \frac{100 \times 定小餘}{日法}$$

因從夜半起算，故先除夜漏之半。即得
晝漏加時刻數及分。

月食加時在中節前後四日以下，視
限數；在中節前後五日以上，視間限，
定小餘皆小于限數、間數者，均以算
上為日，即以夜半為始，应退一日。

術文：不滿數間數者。滿下疑脱
限字。

月行遲疾度	損益率
盈縮積分	列差差分
一日十四度十三分	益二十五
盈二	二百六十
二日十四度十一分	益二十三
盈萬八千八百二	二百五十八
三日十四度八分	益二十
盈三萬六千九十六罘	二百五十五
四日十四度四分	益十六
盈五萬一千一百三十五五	二百五十一
五日十三度十八分	益十一
盈六萬三千一百六十八五	二百四十六
六日十三度十三分	益六
盈七萬一千四百四十六	二百四十一
七日十三度七分	益
盈七萬五千九百五十二五	二百三十五
八日十三度三分	損五
盈七萬五千九百五十二四	一百三十
九日十二度大七分	損九
盈七萬二千一百九十二三	二百二十六
十日十二度大四分	損十二
盈六萬五千四百二十四三	二百二十三

122

十一日十二度大分 　　　　　損十五
　盈五萬六千四百三 　二百二十
十二日十二度分 　　　　　損十八
　盈四萬五千一百二十二 　二百一十七
十三日十二度分 　　　　　損二十
　盈三萬一千五百八十四二 　二百一十五
十四日十二度四分 　　　　　損二十二
　盈一萬六千五百四十四二 　二百一十三
十五日十二度二分 　　　　　益二十四
　縮一 　二百一十一
十六日十二度四分 　　　　　益二十二
　縮一萬八千四百四十八二 　二百一十三
十七日十二度六分 　　　　　益二十
　縮三萬四千五百九十二三 　二百一十五
十八日十二度九分 　　　　　益十七
　縮四萬九千六百三十二五 　二百一十八
十九日十二度大四分 　　　　　益十二
　縮六萬二千四百一十六大 　二百二十三
二十日十三度六分 　　　　　益六
　縮七萬一千四百四十大 　二百二十九
二十一日十三度大分 　　　　　益
　縮七萬五千九百五十二五 　二百三十五

二十二日十三度十二分　　　　損五

　縮七萬五千九百五十二四　二百四十

二十三日十三度十六分　　　　損九

　縮七萬二千一百九十二四　二百四十四

二十四日十四度分　　　　　　損十三

　縮六萬五千四百二十四四　二百四十八

二十五日十四度五分　　　　　損十七

　縮五萬五千六百四十八三　二百五十二

二十六日十四度八分　　　　　損二十

　縮四萬二千八百六十四三　二百五十五

二十七日十四度十二分　　　　損二十三

　縮二萬七千八百二十四二　二百五十八

周日十四度十三分小一百三　　損二十五定損二百二十四

　縮一萬五百二十八

　　定備九萬三千四百八　二百六十定意

　　　　　　　　　　　差法二千三百九

　　月行遲疾度、損益率、盈縮積分、列差差分
四項元嘉曆是參攷乾象、景初二曆的。其
月行遲疾度、損益率、盈縮積分三項計祘
法和景初曆同。

月行遲疾度，例如：一日 $14°13'$，$13'$是以章歲 19 為分母。直至周日 $14°13'$又小分 103，小分是以周日日餘 417 為分母。

損益平，例如：一日益率 25，月每日平行度為 $13°\frac{7}{19}$，加益率 $\frac{25}{19}$，得 $14°\frac{13}{19}$，即為一日的月行度及 $\frac{13}{19}$ 分。又如：八日損率 5，則

月平行 $13°\frac{7}{19}$－損率 $\frac{5}{19}$＝八日月行度 $13°\frac{2}{19}$，術文八日十三度 $\frac{三分}{分}$，三分三字當為二字之誤。

盈縮積分，即逐日損益率遞加數的日法分。例如：二日的盈積分 18800＝一日益率 25 ✕日法 752。

原書數字有誤，今稿算校正如下：

二日的盈積分	$752 \times 25 = 18800$
三日	$752 \times 48 = 36096$
四日	$752 \times 68 = 51136$
五日	$752 \times 84 = 63168$
六日	$752 \times 95 = 71440$
七日	$752 \times 101 = 75952$
八日	$752 \times 101 = 75952$
九日	$752 \times 96 = 72192$

十日	$752 \times 87 = 65424$
十一日	$752 \times 70 = 56400$
十二日	$752 \times 66 = 45120$
十三日	$752 \times 42 = 31584$
十四日	$752 \times 22 = 16544$
十五日	$752 \times 0 = 0$
十六日	$752 \times 24 = 18048$
十七日	$752 \times 46 = 34592$
十八日	$752 \times 66 = 49632$
十九日	$752 \times 83 = 62416$
二十日	$752 \times 95 = 71440$
二十一日	$752 \times 101 = 75952$
二十二日	$752 \times 101 = 75952$
二十三日	$752 \times 96 = 72192$
二十四日	$752 \times 87 = 65424$
二十五日	$752 \times 74 = 55648$
二十六日	$752 \times 57 = 42864$
二十七日	$752 \times 37 = 27824$
周日	$752 \times 14 = 10528$

　　周日縮積分 10528，以日法 752 除之，得 14，為周日日餘的縮積，也為該日餘的損率。

周日日餘的損率 $\times \dfrac{日法}{周日曆分} = 14\dfrac{752}{417} = 25\dfrac{103}{417}$

$25\dfrac{103}{417}$ 即為周日的損益率。

月平行 + 周日的損益率 = 周日的行度

$13°\dfrac{7}{19} + \dfrac{25\dfrac{103}{417}}{19} = 14°\dfrac{6\dfrac{103}{417}+7'}{19}$

$$= 14°\dfrac{13'\dfrac{103}{417}}{19}$$

即術文所謂周日十四度十三分又小分一百三。

　　差法是從景初曆表中各日月行的章歲分，減去日每日行一度的章歲分，但元嘉曆數值傳刻有誤，今循示方寫於下，其傳刻有誤者，旁加⁚號，以備校勘。

一日	280	261
二日	277	258
三日	274	255
四日	270	251
五日	267	248
六日	260	241
七日	254	235
八日	248	229
九日	244	225

十日	241	222`
十一日	239	220
十二日	236	217
十三日	233	214`
十四日	231	212`
十五日	233	214`
十六日	235	216`
十七日	237	218`
十八日	240	221`
十九日	240	224`
二十日	246	227`
二十一日	250	231`
二十二日	254	235`
二十三日	259	240`
二十四日	265	246`
二十五日	271	252
二十六日	277	258`
二十七日	278	259`
周日	$279\frac{626}{2528}$	$260\frac{626}{2528}$

推合朔度

以章歲乘朔小餘，滿通法為大分，不盡為小分，以大分從朔夜半日日分，泝度命如前，正月朔日月合朔所在共合度也。（日日分当為日度分之误）

求次月

加度二十九，大分一百六十一，小分十四，小分滿通法從大分，大分滿度法從度，徑室除度分，求望加十四度，大分二百三十二，小分三十半。

求望月所在度，加日度一百八十二，分一百八十九，小分二十三半。

合朔之時，日月同度。朔小餘是夜半後至合朔加時的日餘分。日餘分以日法為分母，今改以度法為分母。

$$\chi = \frac{章歲 \times 朔小餘}{通法} = 大分 + \frac{小分}{通法}$$

大分滿度法得一度，以之加入正月朔夜半日度分，所得為戾应正月朔日月共合度。

求次月：

共合度内，加入 $29°\frac{399}{752}$，改以度法 304 為分母，則：

$$29°\frac{\frac{399}{752}-304}{304} = 29°\frac{\frac{121296}{752}}{304}$$

$$= 29°\frac{\frac{7581\times16}{47\times16}}{304} = 29°\frac{161\frac{14}{47}}{304}$$

往窒除外，得次月合朔甲月所在共合度分。

求望日：

把一月日數 $29°\frac{399}{752}$ 平分之，得

$14°\frac{575.5}{752}$，再把分母改為度法 304，則

$$14°\frac{\frac{575.5}{752}-304}{304} = 14°\frac{\frac{575.5\times16\times19}{47\times16}}{304}$$

$$= 14°\frac{\frac{10934.5}{47}}{304} = 14°\frac{232\frac{30.5}{47}}{304}$$

求望月所在度之

$$14°\frac{232\frac{30\frac{1}{2}}{47}}{304} \times 月的日平行度 13°\frac{7}{19}$$

$$= 182°\frac{189\frac{23\frac{1}{2}}{47}}{304}$$

二十四氣	日所度	夜漏刻	日中晷影	昏中星	晝漏刻	明中星
雨水	室一太强	四十九 五分	八尺二寸八分	觜一少强	五十 五分	尾十一強
驚蟄	壁一強	四十七 一分	六尺七寸二分	井九半強	五十二 九分	箕四少弱
春分	奎七少强	四十四 五分	五尺三寸九分	井二十九半強	五十五 五分	斗四弱
清明	婁六半	四十二	四尺二寸五分	柳十二太	五十八	斗十四半
穀雨	胃九太弱	三十九 七分	三尺二寸五分	張十	六十 三分	斗二十五半
立夏	昴十一弱	三十七 七分	二尺五寸	翼十太弱	六十二 三分	女三少
小滿	昴十五少弱	三十六 一分	一尺九寸七分	軫十弱	六十三 九分	虛二弱
芒種	井三半弱	三十五 一分	一尺六寸九分	角十太弱	六十四 八分	危七
夏至	井十八	三十五	一尺五寸	氐五少弱	六十五	室五少强
小暑	鬼一弱		一尺六寸九分		六十四 八分	

三十五 二分	房四太弱	壁六太弱
大暑 柳十二弱	一尺九寸七分	六十三九分
三十六 一分	尾八太弱	奎十二太弱
立秋 張五半強	二尺五寸	六十二三分
三十七 七分	箕三	胃二太弱
處暑 翼二半	三尺二寸五分	六十三分
三十九 三分	斗三半	昴七太弱
白露 翼十七太弱	四尺二寸五分	五十八
四十二	斗十四半弱	畢十六半弱
秋分 軫十五	五尺三寸九分	五十五五分
四十四 五分	斗二十五少強	井九少強
寒露 亢一少	六尺七寸二分	五十二九分
四十七 一分	牛八半強	井二十九弱
霜降 氐七半	八尺二寸八分	五十五分
四十九 五分	女十一半弱	柳十一半強
立冬 心二半弱	九尺九寸一分	四十八四分
五十一 六分	危二弱	張八太弱
小雪 尾十一太強	一丈一尺三寸罒	四十六七分
五十三 三分	危十三半強	翼八太強
大雪 箕十	一丈二尺四寸分	四十五六分
五十四 四分	室九半強	軫八少強
冬至 斗十四強	一丈三尺	四十五

五十五	壁八太强	角七少强
小寒 午三半强	一丈二尺四寸分	四十五太分
五十四四分	奎十五少	亢九
大寒 女十半强	一丈一尺三寸罗	四十六七分
五十三三分	胃四半强	氐十三太强
立春 危四	九尺九寸一分	四十八四分
五十一六分	昴九少四	心四强

把元嘉曆 $\dfrac{周天}{度法} = 365\dfrac{75}{304}$ 二十四

等分之，得 $15.2186 = 15$ 少，为各气相距日数。其日所在度、昏中星、明中星和四分曆相比，均约後退七度，可见元嘉曆雖未明言岁差，已应用岁差入曆。其日中晷影、昼漏刻、夜漏刻三项，盖自实值得来。至於二十八宿距度，仍是沿用太初曆的舊测。

推五星法

合歲	合數
日度法	室分
木三百四十四	三百一十五
九萬五千七百六十	二萬三千六百二十五
火四百五十九	二百一十五
六萬五千三百六十	一萬六千一百二十五
土三百八十三	三百七十
十一萬二千四百八十	二萬七千七百五十
金二百六十七	一百六十七
五萬七百六十八	一萬二千五百二十五
水七十九	二百四十九
七萬五千六百九十六	一萬八千六百七十五

木後元丙戌　晉咸和元年至元嘉二十年癸未百十八年算上

火後元乙亥　元嘉十二年至元嘉二十年癸未九年算上

土後元甲戌　元嘉十一年至元嘉二十年癸未十年算上

金後元甲申　晉太元九年至元嘉二十年癸未六十年算上

水後元乙丑　元嘉二年至元嘉二十年癸未十九年算上

推五星法：

木 经 344 岁 与日合 315 次；前者称为合岁，后者称为合数。以

$$\frac{合岁}{合数} \times \frac{周天}{度法} = \frac{344}{315} \times \frac{111035}{304}$$

$$= 398^日\frac{83560}{95760} = 398.8724$$

为一合日数。以合数乘度法 $315 \times 304 = 95760$ 为日度法，以合数乘度分 $315 \times 75 = 23625$ 为室分。其余仿此。

火星 $\frac{459}{215} \times \frac{111035}{304} = 779.7592$

土星 $\frac{383}{370} \times \frac{111035}{304} = 378.0974$

金星 $\frac{267}{167} \times \frac{111035}{304} = \frac{29646345}{50768}$

$$= 583.9573$$

50768 为日度法，$167 \times 75 = 12525$ 为室分。

水星 $\frac{79}{249} \times \frac{111035}{304} = \frac{8771765}{75696}$

$$= 115.8801$$

75696 為日度法，249×75＝18675 為室分。

今將五星兩次晨始見相距日數，即一合日數，今稱会合周期，与《史記》、《漢书》三統麻、《後漢书》四分麻及今測比照如下：

	史記	漢書	後漢書	元嘉麻	今測
木星	395.7	398.70	398.84	398.8724	398.87
火星	？	780.50	779.53	779.7592	779.94
土星	360	377.90	377.58	378.0974	378.09
金星	626	584.13	584.02	583.9373	583.92
水星	？	115.91	115.88	115.8801	115.88

元嘉麻以"步氣朔"為一元，於"步五星"斷取近距，創没各不相同的後元，打破楊偉景初麻臆設五星同出上元壬辰的迷信，故其所述五星一終之数，密於前麻，而與今測頗為密近。

按時以前麻法，首重上元，都以日月合望，五星聯珠，当七曜同度之時，為麻數起祿之端。不知歲周月周，數有奇零，已難劃一。至於五星会合之期，实難奇同。麻家往往就增減实測之數，造成虛設的曆元，但求數之巧合，不計与实测不合。今元嘉曆打破旧框，是其卓见。而其所测獨密。与今测比較．

木星　三百九十八日九五七六〇日之 八三五六〇 与今測合。

大星　七百七十九日六五三六〇分日之 四九六二五，比今測小百分日之十七。

土星　三百七十八日一一二四八〇分日之 八九六五，比今測小百分日之一。

金星　五百八十三日五〇七六八分日之四八六〇一，比今測小百分日之十一。

水星　一百一十五日七五六九六分日之六六七二五，与今測合。

推五星法

各設其元，至所年算上，以合數乘之，滿合歲為積，合不盡日合餘，多者以合數除之，得一星合往年，得二合前往年，不滿合數其年。

木土金則有往年合，火有前往年合，水一年三合或四合也。

以合餘減合數，為度分。

水木度分滿合歲，則去之也。」

以周天

十一萬一千三十五

乘度分，滿日度法為積度，不盡日度餘，命度以室二算外，星合所在度也。以合數乘其年內雨水小餘，并度餘為日餘，滿日度法從積度為日，命以雨水算外，星合日也。求星見日法以法伏日及餘。

木則十六日及金是也。

加星合日及餘，滿日度法成一日，命如前星見日也。求星見度法以法伏度及餘。

木則二度及餘是也。

加星合度及餘，滿日度法成一度，命如前所見日也。以星行分母。

木則二十三見也。

乘見度餘滿日度法得一分，乃日加所行分。

木順日行四分。

分滿其母成一度，逆順母不同。

木逆分母七也。

当各乘度餘，留者承前，逆則減之，伏不盡度經室去分，不足減者破全度。

五星室分各異，若在行分各依室分去之。

自各後元，至所求年，祈上，

$$元 = \frac{入元以來年數 \times 合數}{合歲} = 積合 + \frac{合餘}{合歲}$$

"得一，星合往年；得二，合前往年；不滿合數，其年。" 即如星的最後合至所求年雨水所距年數，為一，最後合在所求年的前一年；為二，在前二年；不滿在所求年。

木土金一合日數各為 398·8724、378·0974、583·9373，大於歲實，故合在往年；火一合日數為 779·759乙，大於二歲實，故合在前往年；水一合日數為 115·8801，小於歲實，故一年三合或四合。

合數 一合餘，祈為度分。

星合所在度，就是星和日合時所在的宿度。即

$$\frac{周天 \times 度分}{日度法} = 積度 + \frac{度餘}{日度法}$$

度餘和積度，除以室宿二度為起祈点外，即得星合所在宿度。

星合日，就是星和日合在那一日？

$$\frac{小餘 × 合數 + 度餘}{日度法} = 日餘 + 積度$$

除以年內雨水為起点外，即得星和日合在某日。

"求星見日"及"求星見度"，就是：推求星合以後，再經多少日，這星出現於天球，及再經多少度，這星出現於某宿度。

"以法"，詳言：以元嘉曆法；"伏日及餘"，即星伏後所經日數及日餘。"伏度及餘"，即星伏後所行度數及度餘。

以之各加入於星合日及餘，和星合度及餘。它的日餘及度餘，均滿日度法得一日，或一度。仍以雨水為起祘点外，即可推出星見日及星見度。

術文："十六日及金"，金當是餘字传刻之誤。

推五星法可參玫乾象曆推五星、推星合度及五星曆步諸条。

木初与日合，伏，十六日，日餘四萬一千七百八十，行二度，餘七萬七千八百四十七半，晨見東方。超十三度半強，順日行二十三分之四，一百一十五日行二十度，留不行，二十六日而逆。日行七分之一，八十四日退十二度，又留二十六日，順一百一十五日，行二十度，夕伏西方。日度餘如初与日合，一終三百九十八日，日餘八萬三千五百六十，行星三十三度，餘五萬九千九百三十五。

　　這是木星的觀測記錄。初与日合，為日光所掩，鬒髲星伏不見。順日而行，經过十六日，又日餘41780；星行二度，又度餘77847.5。十六日有餘日東行十六度有餘，木星東行二度有餘，是星離日十三度半強。在日將出之時，晨見東方。順日而行，每日行 $\frac{4}{23}$，即一百一十五日行二十度。當不行，二十六日而逆。則日行 $115°+26°=141°$，星行 20度，星離日 $141°-20°=121°$，後加前星離日 $13°53$強 $=134°53$強。

　　復日行 84日，星退 $12°$；留 26日，又 115日，順行 $20°$，則日行 $84°+26°+$

$115° = 225°$，星行 $-12° + 20 = 8°$，

星離日 $225° - 8° = 217°$；復加前

星離日 $217° + 134°.51 \frac{3}{8} = 351°.51 \frac{3}{8}$。

星總離日 $351°.51 \frac{3}{8}$，以減全周度

$365.2467 1052$，得 $13°$許，卻近日所，

後為日光所掩，故云"夕伏西方"。

　　術文："日度餘如初與日合"，即：

"順 十六日又日餘四萬一千七百八十，行

星二度又度餘七萬七千八百四十七半"。

　　故木星一終，計

$16.41780 + 115 + 26 + 84 + 26 + 115 + 16.41780$

$= 398.83560$日

　　行星 $2°.77847\frac{1}{2} + 2° - 12° + 2° + 2°.77847\frac{1}{2}$

$= 33°.55695$

　　度餘 55695 與術文 59935 不合，疑

術文傳刻有誤，待校。

火初與日合，伏 七十一日，日餘二萬四千八百一十

半，行五十四度，度餘四萬九千四百三十，晨見東方。

去日十七　順疾日行七分之五，一百八日半行七十七

度半張　　　　　　　　　　　　　　　　　　　

度半　小遲日行七分之四，一百二十六日行七十

二度而大遲　日行七分之二，四十二日行十

二度，留不行，十二日而遲，日行十分之三，

六十日退十八度，又留，十二日順遲，四十二日
行十二度，小疾一百二十六日，行七十二度，一百
八日半行七十七度半，夕伏西方。日度餘如
初，与日合。一終七百七十九日，日餘四萬
九千六百二十五，行星四百一十四度，餘三
萬三千五百，除一周定四十九度一萬七千三
百七十五。缺

火初伏時，日東行 $71°$ 有奇，星東行 $54°$
有奇；星去日 $17°5$ 度，出日光所掩范围，
故日將出時，晨見東方。

火星計祘与木星同。今將火星觀測
全文計祘如下：

順行	71、24810 $\frac{1}{2}$	54、49430	
疾	108.5	77.5	
小遲	126、	72、	
大遲	42、	12、	
留	12、	。	
遲	60、	一18、	遲当作逆
留	12、	。	传刻误文
順遲	42、	12、	
小疾	126、	72、	
	108.5	77.5	

143

$$71 \cdot 24810 \frac{土}{土} \qquad 54 \cdot 49430$$

$$779 \cdot 49625 \qquad 413 \cdot 98860$$
洲 6536 為 $1°$
$$414° \cdot 33500$$

得火星一終 779 日，又日餘 49625°；行星 414°，又度餘 33500。行星度及度餘減周天及虛分，則：

$$414° \cdot 33500 - 365° \cdot 16125 = 49° \cdot 17375$$

得行星 49° 又度餘 17375。

術文："定"字疑誤，注文"鉄"字當衍。此條完整無鉄。

土初与日合，伏，十八日日餘四千四百八十二半，行二度 度餘四萬六千八百四十七半，晨見東方。去十五度（日半強）順日行十二分之一，八十四日行七度，留不行。三十六日而逆日行十七分之一，一百二日退七度，又留三十六日，順八十四日行七度，夕伏西方。日度餘如初，與日合。一終三百七十八日，日餘八千九百六十五，行星十二度，度餘九萬三千六百九十五。

今將土星計标如下：

伏　　$18 \cdot 4482 \frac{土}{土}$　　$2° \cdot 46847 \frac{土}{土}$　晨見東方

順	84	7°	
留	36	0	
逆	102	-6°	
留	36	0	
順	84	7°	夕伏西方
	18.4482½	2°.46847½	

378.8965°　　12°.93695

金初与日合，伏，四十一日，日餘四萬九千六百八十四半，行牛五十一度，度餘九千六百八十四半，見西方。順疾日行一度十三分之三，九十一行一百十二度而小遲，日行一度十三分之二，九十一日行一百五度，又大遲，日行十五分之十一，四十五日行三十三度留不行，八日而遲，日行三分之二，九日退六度，伏西方。伏六日，退四度，而与日合。又六日退四度，晨見東方。逆九日退六度，又留，八日順四十五日，行三十三度，小疾，九十一日行一百五度，大疾，九十一日行百一十二度，晨伏東方。日度餘如初，与日合。一終五百八十三日，日餘四萬八千六百一，除一周行星定二百一十八度，度餘三萬六千七十六，一合，二百九十一日餘四萬九千六百八十四半，行星如之．

今將金星觀測記錄計祘列式如下：

伏	41又49684½	57又49684½	見西方
順疾	91	112	行半,半字当为星字之误
小運	91	105	
大運	45	33	
留	8	0	
運	9	−6	運疑逆之误 　伏西方
伏	6	−4	与晗
	6	−4	晨見東方
逆	9	−6	
留	8	0	
順	45	33	
小疾	91	105	
大疾	91	112	晨伏東方
	41又49684½	51又49684½	与晗

582又99369　582又99369

99369 胸日度信 50768 为 1 日，故

582又99369，即 583日又日餘48601．

星行 583°又度餘48601，去一周365°．

146

又室分12525，得218°又度餘36076。

水初与日合，伏，十七日，日餘七萬一千二百一十半，行三十四度，度餘七萬一千二百一十半，見西方。去日中十七度 順疾，日行一度三分之一，十八（疑脫日行二字）二十四度，而遲，日行七分之五，七日行五度，留不行四日，夕伏西方。伏十一日，退六度，而与日合。又十一日，退六度，而晨見東方。留四日，順，遲，七日行五度，疾。十八日行二十四度，晨伏東方，日度餘如初，与日合。一終一百一十五日，日餘六萬六千七百二十五，行星如之。一合五十七日，日餘七萬一千二百一十半，行星亦如之，盈加縮減，十六除月行分，日法除盈縮分，以減度分，盈加縮減。

　　補：前條金星一合二百九十一，日餘四萬九千六百八十四半，行星如之。

41又49684½	51又49684½
91	112
91	105
45	33
8	0
9	−6
6	−4　　与日合

147

合計 291日又　　　　　291°又
　日餘 49684½　　　度餘 49684½
日、日餘 和行星度及度餘 相等,故曰:行
星如之。

　　今将水星觀測記録及其計示表解如下：

伏	17又71210½	34又71210½	見西方
順疾	18	24	
遲	7	5	
留	4	0	夕伏西方
伏	11	-6	与日合
	11	-6	晨見東方
留	4	0	
順遲	7	5	
疾	18	24	晨伏東方

　　17又71210½　34又71210½　如初与日合

　　114又192421/万　114又142421/万

　　滿日度法為一日　滿日度法為一度
　　　75696　　　　　75696

115日，又66725　　115°又66725　一次

17又71210÷　　34又71210÷
　18　　　　　　24
　　7　　　　　　5
　　4　　　　　　0
　11　　　　　-6

57又71210÷　　57又71210÷　一合
　　盈加縮減，十六除月行分，日法除盈
縮分，以減度分，盈加縮減。
　　　推卦困雨水大小餘
加大餘六，小餘三百一十九，小餘渺三千六百
四十八成日，日滿二十七，日餘不足，加減，不
加周虚。

　　易六十四卦，用事值日的邪说，創自京房，
实則和曆法毫無关係，而且干擾曆学的
科学的正常的發展，符合呢嚇赤封建社
会的知识知份子和人民，害處極大流
毒甚廣，毫完全是封建性的糟粕。清
惠棟對於這一学说，有所研究，并無
批判，更加荒唐。我们可以把它作為

反面教材，辭而闢之；但已無現實意義，急用先干，也可置之不理。京氏邪說，表面上也是擺用一些曆法術語，在那封建勢力和習慣勢力的壓抑籠罩之下，一些大科學家往往受愚，或敷衍他們，把它吸收到曆術中去，甚至擴大鼓吹，使中國曆學，有些方面蒙上了神秘主義的色彩。一些淺學之士，跟着瞎混一陣，怡不知恥，好像真有學問的。這个邪說，規定坎、離、震、兌用事在二至二分之首，各得 80 之 73，餘卦皆 6日 $\frac{7}{80}$，女中惟頤、晉、井、大畜，皆 $5\frac{14}{80}$，比它卦少 $\frac{73}{80}$。所少的數，即坎、離、震、兌的用事數。

坎四卦 $\frac{73}{80}$ 3.65

頤四卦 5$\frac{14}{80}$ 20.7 ⎫
⎬ 365.25
餘56卦 6$\frac{7}{80}$ 340.9 ⎭

元嘉曆以雨水为正月中气，正月的卦用事为小過、蒙、益、漸、泰，都是居於六日，又八十分日之七。八十分之七为小餘，小餘以元法为分母，則：

$$\frac{工}{80} = \frac{7 \times 45.6}{80 \times 45.6} = \frac{319.2}{3648}, \quad 6\frac{7}{80} = 6\frac{319.2}{3648}.$$

故術文说："加大餘6，小餘319，小餘满3648成日。"

元嘉二十年，承天奏上尚書，今既改用元嘉曆，漏刻与先不同，宜应改革。按景初曆春分日長，秋分日短，相承所用漏刻，冬至後晝漏率長於冬至前，且長短增減，進退無漸，非惟先法不精，亦各傳寫謬误，今二至二分各據其正，則至之前後，無復差異，更增損舊刻，參以晷影，删定為經，改用二十五箭，請晝勒漏郎将孝驗施用，從之。前世諸儒，依圖緯云：月行有九道，故畫作九規，更相交錯，檢其行次，遲疾挨易，不得順度，劉向論九道云：青道二出黃道東，白道二出黃道西，黑道二出北，赤道二出南。又云：立春春分東從青道，立夏夏至南從赤道，秋白冬黑各隨其方。按日行黃道陽路也。月者陰精，不由陽路，故或出其外，或入其内，出入去黃道，不得過六度，入十三日有奇而出，出亦十三日有奇而入，凡二十七日而一入一出矣。交於黃道之上，与日相掩則蝕焉，漢世劉洪，推檢月行，作陰陽曆法。元嘉二十年，太祖使著作令史吴癸辰洪法制新術,令太史施用之。

這段術文,說到兩个问题。

1、"參以暴影""增損舊刻""二至二分,各據其正。"

"景初曆春分日長,秋分日短。"景初曆春分晝漏刻:五十五分,秋分五十五二分,两者數不齊一,或長或短,可能是傳寫滲误。元嘉曆俱由实測,改為春分、秋分都是四十四五分。

景初曆春分日中暴景五尺二寸五分,秋分五尺五寸二分。元嘉曆春分、秋分日中暴影根據实測,俱為五尺三寸分。

景初冬至晝漏刻四十五、夏至六十五,两數相并為百十刻。冬至日中暴景丈三尺,夏至尺五寸。元嘉曆冬至晝漏刻五十五,夏至三十五,相并為百刻。冬至暴景一丈三尺,夏至一尺五寸。

我国早在2700年前,(春秋時代),樹立一根竿子,称为土圭,觀測日影,以定冬、夏二至和春、秋二分。把一年中土圭影最長的一天,即太阳的"視动",在天空变动的位置，移到最南方的一天，称为冬至。把土圭影子最短的一天，也就是太阳在它的位置上，移到最北方的一天，称为夏至。把由冬至到夏至土圭影子不长不短的一天，也就是太阳由南向北移到直射在赤道上的一天，称为春分。把由夏至到冬至土圭影子不长不短的一天，也就是太阳由北向南移到直射在赤道上的一天，称为秋分。后来又在二分二至中间，安排了立春、立夏、立秋、立冬四个节气。当时概括称为"分、至、启、闭"。到了秦汉時候，又增加到廿四个節氣。关於廿四氣的晷影和晝夜漏刻的測定，是逐步加密和合理的。元嘉曆對於景初曆的批评和修訂是有道理的。

2.关於白道和食月。元嘉曆说："日行黄道，陽路也。月者陰精，不由陽路，故或出其外，或入其内，出入去黄道，不得过六度，入十三日有奇而出，出亦十三日有奇而入。凡二十七日而一入一出矣。交於黄道之上，与日相掩則蝕焉。"這几句话，说明那時我们的祖先，對於月行的觀察

153

已達到了一定的水平的。用历史的観点看问题，他们的成就，实在使我们敬佩的。

这里，先就黄道、白道和食月说起。

地球在绕太阳转动，但看来好象太阳在天空中变动位置，我们拼考"视动"。在太陽在天空中的视动路线，也即地球绕日运行的轨道面，称为黄道。

黄道的西文为 Ecliptic，是蚀的意思。

月球是地球的卫星，绕地运转，它的运转的轨道面，称为白道。

月球绕地运转，地球绕日运转；两者的轨道面，并不符合。黄白道轨道面相交平均有 5 度 8 分 43 秒的倾斜。

元嘉曆说：月球"出入去黄道，不得过六度"，就是说明这黄白道的相交的资料。

月球每一朔望月，或称太阴月，有两次经过黄道。月球从南往北经过黄道之处为升交点（从它的轨道面说是从下往上）。月球从北往南经过黄道之处为降交点（从它的轨道面说是从上往下）。连接这两个交点的直线，称为交点线。交点线并非固定不动，即交点不是固定不动，而是移动不息。每一朔望月进行一度强，每年共的二十度，约十八年又三分之二交点线依着鐘针方向在天球上兜了一个圈子。

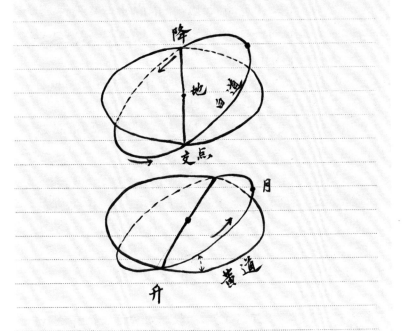

如图：月球轨道面，即白道，和地球轨道面，即黄道有5度8分的倾斜角。元嘉曆所谓："出入去黄道，不得过六度。"

月球自黄白道升交点，後返升交点，称为一交点月，或称食月。一食月根据近人中考

慕及白郎兩測定為：27.4222日，稍後于何承天的祖沖之大明曆測定為：27.212了，數實密近。元嘉曆則概括言之，

"入十三日有奇而出，出亦十三日有奇而入，凡二十七日而一入一出矣。交於黄道之上，與日相掩則蝕焉。"

这可看出我们的祖先，那時觀察月行和推算月食，已達到一定的水平。

刘向論月行"九道"，這一学说，直到崇天曆、明天曆等還是繼承沿用。

"推月行九道，凡合朔所交。冬在陰曆夏在陽曆，月行青道；冬在陽曆，夏在陰曆，月行白道；春在陽曆，秋在陰曆，月行朱道；春在陰曆，秋在陽曆，月行黑道。"

这个糊塗观念，到元郭守敬授时曆才加以说明纠正。

其实月行只有白道一条路线，没有九道，只是由于月球出入黄道，它的升交点和降交点不断移動，月球遶地球運行，有時在黄道之北，有時在南，又由於白道、黄道都是橢圓的，因而月行有遲疾，日躔有盈缩，月球出入黄道各年和各个節气

在天球所處的位置不同。古人看到这一现象，并且没法加以数字推算，来驾御这一现象。一时弄不清楚，说不清楚，就定出不少名词：青道、白道、朱道、黑道等，刘向并说：

"青道二出黄道东；白道二出黄道西；黑道二出北；赤道二出南。"

"立春春分东从青道，立夏夏至南从赤道，秋白冬黑，各随其方。

這是完全了口理解，而且有它的科学根据的這和他的"洪范五行"，是主观唯心论的东西，应该分别而论的。

元嘉厤月行陰陽法

陰陽厤	損益率	兼數	偹算數字稠誤今改正之
一日	益十七	初	初
二日 前限餘六百六十五微分一千七百三十八	益十六	十七	17
三日	益十五	三十三	
四日	益十二	四十八	
五日	益八	六十	
六日	益四	六十八	
七日	益一	七十二	
八日	損二	七十三	
九日	損六	七十一	

十日	損十	六十五
十一日	損十三	五十五
十二日	損十五	四十二
十三日 後限餘二千一十九 微分一千七十九	損十六	二十七
分日二千六百八十五半	損十六大	大者五千三百七十一分之 三千四百七十二

十一 曆周五萬五千五百一十七半

差率 一萬一百九十

微分法 一千八百七十八

曆周 5551.7.5，乙×曆周＝周天。

乙×5551.7.5＝11035 周天。

月周 4064，月周除周天＝交点月。

$$\frac{11035}{4064} = 27\frac{1307}{4064} \text{ 交点月}。$$

差率＝会月十朔望合数＝939＋80＝1019。

衍文作："一萬一百九十"，当为傳刻之误。

黄白道交点，一朔望月约逆行一度余，差率即为一会月月行交周数，乃为一日月行交周的积度分。

微分法 1878＝乙×会月數＝乙×939。

元嘉曆的月行陰陽法：陰陽曆、損益率、兼數乃沿用乾象曆的，衍同數值稍異，後有去衰的一項耳。

漢靈帝時，会稽刘洪，覃思密測，推往驗今，費了廿餘年時间，造乾象曆。覚察到四分曆的疏闊，由於斗分太大，於是減斗分朔餘；又創設月行遲疾陰陽曆法，使黄白交錯，符合天度，遂为後世推步的师表。

乾象曆創月行三道術。所謂三道，即中道、内道、外道。中道为黄道，内道为陰曆，在黄道北，即月球自升交点向北進行之道；外道为陽曆，在黄道南，即月球自降交点向南進行之道。乾象曆觀察到月球在内道和外道上運行的速度，並非平行，每日总是十三度有奇，而是有快有慢，最多相差至三度有餘，這種自然現象，称为："月行遲疾"。乾象曆始以月之遲疾曆御之。月球自升交点後，在内道上運行，或自降交点後，在外道上運行，其離黄道距離，有進有退，每日不同。這種自然現象，称为："月之陰陽曆"。乾象曆始創月之陰陽曆以御之。測得月行出入黄道之数，即可知月距黄道之緯度。月行出入黄道之数，乾象曆称之为："損益率"。例如：一日，益十七；二日，益十七；三日益十五是也。用以推測月距黄道之緯度，乾象曆称之为："兼数"。例如:五日六十;六日六十八;七日七十二是也。損益率在月球過白黃二道交点時,損益為零。由一日至七日,其益由多而少;八日至分日,其損由少而多。兼數就是損益率的累積數。例如:五日為:17+16+15+12=60;六日為:60+8=68;七日為68+4=72。兼數和損益率,同以十二為分母,以十二除兼數得度數。例如:八日兼數最大為七十三,以十二除之,得6°亢,六度一分,合今五度五十五分十七秒。即月距黃道最遠之數,亦即黃白大距,或黃白道交角。乾象曆觀測每日的月行度,并從而推測它的每日"盈縮之差","進退之度"。這是那時的漢曆所未有的。宋周琮說:"後漢劉洪始悟月行有遲疾數。"所以,晉志說:洪術為後代推步之師表。這話劉洪當之無愧的。《新法曆引》評論中國古曆嘗說:"有謂得一歲實、一朔實,及輊弦、交限等策,為已定者,非也。此皆諸曜平行之率,何由遽定視行?"劉洪續了廿餘年觀測的勤勞,打破古來●月行平行的錯說,啟發後世月行、日行、五星行的盈縮遲疾、陰陽升降的研究,功績是不小的。

元嘉曆的月行陰陽法,就可以乾象曆御之。

其中分日,兼數 11,可以视为周日(即化月周全分的日)之損率。今以月周一分日＝13785,再由比例式 $\frac{11}{\text{分日}} = \frac{\text{所求數x}}{\text{月周}-\text{分日}}$，故

$$x = \frac{11 \times (\text{月周}-\text{分日})}{\text{分日}} = 5\frac{3472}{5371}$$，以加兼數

11,得 $16\frac{3472}{5371}$，即分日下的損十六大。

关於刘向月行九道与刘洪月行三道併材料简录坿记於此,以备他日应用。

交点月　食月　交终　交周
　　月行最高處,称为月孛　特周　近点月
　　　錯移

陰道　内道　里道　青道　升交点　正交　羅睺
　　　　　北　東
陽道　外道　朱道　白道　降交点　中交　計都
　　　　　南　西

《北齊书・信都芳传》:
私撰厤书,名为《靈憲厤》。算月有頻大頻小,食必以朔。证据甚甄明。又云:何承天亦为此法,不能精。靈憲若成,必当百代無異議。

乾象曆所谓"朔合分"，即由朔望月日数，减去交点月日数。轾示阴阳曆，则用月周为日法。

元嘉曆交点月，既等於 $27\frac{1407}{4064}$，朔合分为已知数，把朔合分的一半，除以月周，得1日又日馀若干，以减交点月的一半 $13\frac{2685.5}{4064}$，适得第2日又日馀若干，为日月食的前限；又将朔合分的馀一半，除以月周，从周日日馀倒减之，适为其第13日又月馀若干，为日月食的後限。

七付左 61页内

书未就,而卒。"

《北史、张胄元传》

以日行黄道岁一周天,月行月道二十七日有余一周天。月道交络黄道,每行黄道内十三日有奇而出,又行道外十三日有奇而入。终而复始,月匝黄道,谓之交。朔望去交前后,各五度以下,即为当蚀。若月行内道,则在黄道之北,蚀多有验。月行赤道(外原文误作黄),在黄道之南也。雉遇正,○人無由掩映,蚀多不验。胄因为法,别立定限,随交远近,逐气求差,校盈蚀分,事皆明著。其超古独异者有七事:、、、、、其四:古厤食分,依平即用,推验多少,实数窄等。、、、、、其六:古厤交分,即为蚀数。去交十四度者,食一分;去交十三度食二分;去交十度食三分。每近一度,食益一分。当交即蚀既。其应多少,自古诸厤,未惬其原。胄元积候,知当交之中,月掩日不能毕尽,故其蚀反少。去交五六时,月在日内,掩日便尽,故其蚀乃既。自此以後,更远者其蚀又少。交之前後,在冬至皆东。若近夏至,其 ○○○率又差。胄元○所立蚀分,最为详审。、、、

163

《夢溪筆談·曆法》

……月有九道，此皆強名而已，非實有也。……月行黄道之南，谓之朱道；行黄道之北，谓之黑道；黄道之東，谓之青道；黄道之西，谓之白道。黄道内外各四，并黄道为九。日月之行，有迟有速，难可一概御也。故因其合散，分为数段。每段以一色名之，欲以别算位而已。……曆家不知其意，遂以谓实有九道，甚可嗤也。

《新法曆引》太陰

三界为黄白二道相交之所。所谓正交、中交。此界以自有行，四乃逆行也。……每日三分有奇，则月平行距正交一日为十三度十三分有奇，至二十七日二十七刻减交行之度二十三分，得二十七日十五刻有奇，月乃回於元界。曆谓之交终。

《新法表异·四餘删改》

罗睺即白道之正交，乃太陰自南逾北，交於黄道之一点，点有本行，而罗睺正对之点，即为计都，即为中交矣。月孛乃月所行极高之点，至此，变行极迟。孛者悖也，谓变交与两行差相悖云尔。

推入陰陽曆術

日以会月去入紀積月，餘以会數乘之，以所入紀交会差加之，周天乘之，滿微分法為大分，不盡為微分，大分滿周天去之，餘不滿曆周者，為入陽曆，餘皆如月周，得一日筭外，所求年正月合朔入曆也。不盡為日餘。

求次月

加二日日餘一千三百三十一，微分一千五百九十八，如法成日，日滿十三去之，除日餘如分日，陰陽曆竟平入端，入曆在前限餘前，後限餘後者月行中道。

由入紀積月，減去若干倍的月數，剩下的尚有小於会月數若干的朔望月。如乾象曆以朔合分乘之，滿周天去之，方得入陰曆或陽曆。所謂朔合分，即：

$$\frac{周天 \times 朔望之会}{会月} = \frac{周天 \times 会數}{微分法}$$

元嘉曆有交会差，故会數剩餘月後，尚須加入所入紀交会差，即：

$$\frac{(会數 \times 剩餘月 \overset{乘}{+} 本紀交会差) \times 周天}{微分法}$$

$$二大分 + \frac{不盡數}{微分法}$$

其大分若大於周天，則棄之周天的若干倍；棄餘若小於厤周，則為入陽厤。皆溯月周，得一日弥外，為所求正月朔入厤，不尽為日餘。

若求次月，須加朔合分二日及 日餘 1331，加後如日潮 13，餘溯分日，仍須棄去。当阴阳厤交互入端，入厤接近交点，即所谓："前限餘前，後限餘後"，是谓："月行中道"。

術文："竟平"，乾象厤作："竟互"，大明厤作："竟入"。皆当以交互入端释之。

求朔弦望定數

各置入遲疾厤盈缩定積分，以章歲乘之，差法除之，所得溯通分為大分，不盡以微分法乘之，如法為微分，盈减缩加，陰陽日餘，盈不足以月周進退日而定，以定日餘乘損益氣數，為時如定數。

把盈缩定積分，除以差法，得入厤日盈缩日分，後将日分，由日法系统改为度法系统。即：

$$\frac{盈缩日分}{日法} = \frac{z}{度法}，即：$$

$$\frac{盈缩日分}{47} = \frac{z}{19}，故：$$

$$x = \frac{19 \times \dfrac{定积分}{差法}}{47} = 大分 + \frac{不尽数}{通法}.$$

次又将不尽数改为以微分法为分母，即

$$\frac{不尽数}{47} = \frac{x}{微分法}，故$$

$$x = 不尽数 + \frac{微分法}{47}，以之盈缩加（减）阴阳$$

日馀。加后如多于月周，则进一日；减时如不足减，则加月周而退一日。以之为定日馀；再以定日馀乘损益率，而除以朏，所得，后以损益兼数，即得加时定数。

推夜半入厤

以差率朔小馀如微分法，得一以减入厤，馀不足加月周而减之，却一日，却得分日，如其分半微分为小，即朔日夜半入厤厤馀小分也。

朔小馀即夜半至合朔加时的日行分，属日法系统。微分法为 2×会月之数，差率为一会月月行交周数，亦为一日月行交之积分，故先由比例式：

$$\frac{差率}{微分法} = \frac{x}{朔小馀}，故 x 等于 \frac{差率 \times 朔小馀}{微分法}.$$

然后，再由入厤日馀一x，而得朔日夜半入厤。如x大于入厤日馀，则加月周而減之，退後一日，加分日的分，半微分法为分母的小分，即得朔日夜半入曆及曆餘和小分。如求次日夜半入曆，須加一日又日餘16，小分320。這日餘及小分，称为月行交時的日進分。今先就日進分说明其定义，作比例式：

$$\frac{章歲}{章月}=\frac{会歲}{会月}，故：会歲=\frac{章歲×会月}{章月}$$

$$=\frac{19×939}{235}=75\frac{216}{235}，即一会日行周$$

天囬數。会數为一会食數。日过兩交点而行一交周，生食兩次。半会數为朔望合數。故朔望合數等于一会日行交周數。朔望合數 — 会歲 = 80 —

$$75\frac{216}{235}=4\frac{19}{235}=交点退行周數。今将$$

$$4\frac{19}{235}，由会月系统，改为半纪月系统，$$

即：$939：4\frac{19}{235}=3760：x$，故

$$x=3760×(4\frac{19}{235})/939=16\frac{320}{939}，這$$

变会從纪的交退行周數，亦为一月交点退行分數，亦称

日進分，復把日進分和半汜月周相加，得 $4080\frac{320}{939}$ 為半汜月行交周數，六為一日月行交周分數，又將行交分數，改汜為会，即：

$$3760:4080\frac{320}{939}=939:x'，故$$

$$x'=\frac{939(4080\frac{320}{939})}{3760}=1019，即差率$$

六即一日月行交周的積分數，再就加一日及日進分而言，麻竟下推，則卫滿分日去之，則为入麻初日。若不滿分日，則由月周及日進分，減去分日，得 $1394\frac{1895}{939}$，加入此數为入次麻。

　　求次日

加一日，日餘十六，小分三百二十，小分如会從餘，餘滿月周去之，又加一日，麻竟下，日餘滿分日去之，于入麻初也。不滿分日者，值之，加餘一千二百九十四，小分七百八十九半，为入次麻。

　　釋已在前。

　　求夜半定日

以朔小餘減入進疾麻，日餘不足一日，却得周日，加餘四百一十七，即月夜半入麻日及餘也。以日餘乘損益率盈縮積分为定積分，渊通法為大分，不盡以会月乘之，如法為小分，以盈加縮減入陰陽日餘，盈不足進退日而定也。以定日餘，乘損益率，如月周，以損益策數為夜半定數。

以入歷疾歷一朔小餘，若被減數不渊一日，而得周日，便加周日日餘417，即為月夜半入歷日及日餘。次以日餘乘損益率，以損益盈縮積分為定積分。更將定積分改会从纪，即得：

$$\frac{章歲 \times 定積分}{通法} = 大分 + \frac{不盡數}{通法}$$

又將不盡數改纪从会，即：

半纪月：不盡數 = 会月：小分，故

$$小分 = \frac{会月 \times 不盡數}{半纪月}，$$

所謂："如法為小分。"

以之盈加縮減入陰陽日餘，若加時有盈，減時不足減，則以月周進退其日，而得定日餘。然後再由比例法，得

$$\frac{定日餘 \times 損益率}{月周}，$$

數，為 以之損益兼 夜半定數。

求昏明數

以損益率乘所近節氣夜漏二百而一為明，以

減損益率為昏，而以損益夜半數為昏明定數也。

　　歷日下的損益率，為一日的損益兼數，一百刻為一日刻數，明時則須从入歷日夜半祈起，故：

　　100刻：所近節气夜漏的一半＝損益率：之

$$x = \frac{損益率 \times 夜漏}{200}$$ 為明，

从損益率所得，和从夜半起至日沒相当，故为昏；然後以之損益所求的夜半數，为昏明定數。

　　求月去黄道度

置加時，若昏明定數，以十二除之為度，其餘三而一為少，不盡為强二少弱也。所得為月去黄道度。

　　將昏明定數，視为加時，十二除之，得度數及度餘；又將度餘改祈为少、半、太，所得即月去黄道度。

宋祖沖之大明曆資料

　　大明曆術　　宋書曆志

東魏李業興正光曆資料

　　正光曆術　　魏書律曆志

東魏李業興興和曆資料

　　興和曆術　　魏書律曆志

三

祖沖之厤法

上元甲子至宋大明七年癸卯五萬一千九百三十九年算外。

自上元至宋孝武帝大明七年癸卯歲，積 51939 年，以 60 除，餘 39 年，癸卯歲末計亦在內。

元法五十九萬三千三百六十五，（二千原文误作三千）

紀法三萬九千四百九十一。

$$15 \times 紀法 \ 39491 = 元法 \ 592365$$

章歲 三百九十一，

章月 四千八百三十六，

章閏 一百四十四，

閏法 十二。

祖氏根據趙歐破章法，以 391 年為一章，閏月 144，得章月 4836，為計朔篇單計，并創"閏法"一詞。

月法 十一萬六千三百二十一，

日法 三千九百三十九。

以日法 3939，除月法 116321，得

$$929 \frac{2090}{3939} = 29 日.5306，為一月的日數。$$

歲周 （原文無歲周法數）

餘數 二十萬七千四十四。

歲餘九千五百八十九。

　　以紀法除歲周 14423804

一得：$360 \frac{207044}{39491}$　　207044分子 稱為餘數

一得：$365 \frac{9589}{39491}$　　9589分子 稱為歲餘

沒分 三百六十萬五千九百五十一，

沒法 五萬一千七百六十一。

　　以最大公約數 4，除歲周

　　　$\frac{14423804}{4} = 3605951$，稱為沒分

　　除餘數 $\frac{207044}{4} = 51761$，稱為沒法

周天一千四百四十二萬四千六百六十四，

虛分萬四百四十九。

　　將周天和歲周相減，得歲差分 860

　　　$14424664 - 14423804 = 860$

　　歲差以紀法為分母。虛分 10449 也以紀

法為分母，和元嘉曆的室分相當。

行分法二十三，（二十三，原文誤作二十二。）

小分法一千七百一十七。

　　以行分法乘小分法＝紀法

$$23 \times 1717 = 39491$$

通周 七十二萬六千八百一十，

會周 七十一萬七千七百七十七。

通法 二萬六千三百七十七。

以通法除通周，即

$$\frac{726810}{26377} = 27^日 \frac{14631}{26377} = 27^日.55468$$

为一近点月日数

以通法除會周，即

$$\frac{717777}{26377} = 27^日 \frac{5598}{26377} = 27^日.21223$$

为一交点月日数

差率三十九。

由日法 3939

$$\frac{3939}{101} = 39$$ 称为差率

推朔術

置入上元年數算外，以章月乘之，滿章歲为積月，不盡为闰餘，闰餘二百四十七以上，其年有闰，以月法乘積月，滿日法为積日，不盡为小餘，次向去積日，不盡为大餘，大餘命以甲子算外，所求年天正十一月朔也，小餘千八百四十九以上，其月大。

求次月

加大餘二十九，小餘二千九十，餘滿日法從大餘，大餘滿六旬去之，命如前次月朔也。

求弦望

加朔大餘七，小餘千五百七，小分一，小分滿四從小餘，小餘滿日法從大餘，命如前上弦日也。又加得望，又加得下弦，又加得後月朔也。

以上參照景初曆所釋。

推閏術

以閏餘減章歲，餘滿閏法得一月，命以天正算外閏所在也。閏有進退，以無中氣為正。

推祘閏月，諸厤所用公式，為：

$$12 \times \frac{章歲 - 閏餘}{章閏}$$

代入此式，得

$$\frac{12(391 - 閏餘)}{144} = \frac{391 - 閏餘}{12}$$

推二十四氣術

置入上元年數算外，以餘數乘之，滿紀法為積日，不盡為小餘，六旬去積日，不盡為大餘，大餘命以甲子算外，天正十一月冬至日也。

　　求次氣

加大餘十五，小餘八千六百二十六，小分五，小分滿六從小餘，小餘滿紀法從大餘，命如前，次氣日也。

　　求土用事

加冬至大餘二十七，小餘萬五千五百二十八，季冬土用事日也。又加大餘九十一，小餘萬二千二百七十，次土用事日也。

以上參照景初曆解釋。

　　推沒術

以九十乘冬至小餘，以減沒分，滿沒法為日，不盡為日餘，命日以冬至算外，沒日也。

另參照大衍曆推沒滅條。本條以 4 作為最大公約數，除 360，得 90；大衍曆歲周、沒法、沒分无最大公約數。

　　求次沒

加日六十九，日餘三萬四千四百四十二，餘滿沒法從日次沒日也，日餘盡為滅。

　　推日所在度術

以紀法乘朔積日為度實，周天去之，餘滿紀法為積度，不盡為度餘，命以虛一次宿除之算外，天正十一月朔夜半日所在度也。

求次月

大月加度三十，小月加度二十九，入虚去度分。

求行分

以小分法除度餘，所得为行分，不盡為小分，小分满法徙行分，行分满法徙度。

推日所在度術

紀法 × 朔積日一周天的若干倍＝小於周天的度實，乃由

$$\frac{度實}{紀法} = 度數 + \frac{度餘}{紀法} = 天正十一月朔日所在度$$

次月若为大月或小月，加度 30 或 29，

$$紀法 = 1717 × 23 = 小分法 × 行分法$$

$$\frac{度餘}{紀法} = \frac{\frac{度餘}{1717}}{23} = \frac{整數 \frac{小分}{1717}}{23}$$

若求日的日所在度，加一度，入虚宿後，去虚分

$$\frac{10449}{39491} = \frac{\frac{10449}{1717}}{23} = \frac{6 \frac{147}{1717}}{23}$$

所謂："去行分 6，小分 147。"

求次日

加一度，入虚，去行分之，小分百四十七。

推月所在度術

以朔小餘乘百二十四为度餘，又以朔小餘乘

八百六十為微分，微分滿月法從度，度餘滿紀法為度，以減朔夜半日所在，則月所在度。

$$天正十一月朔夜半日所在度 = \frac{小余周天的度实}{紀法}$$

$$= 度数 + \frac{度餘}{紀法}$$

由於歲差 $\frac{8.60}{紀法}$ 关係，太陽每日東行实際平均度

$$= 1° + \frac{860 \div 紀法}{\frac{歲周}{紀法}} = 1° + \frac{860}{144423806}$$

$$= 1° + \frac{860}{124 \times 月法} = \frac{1°}{124}(124 + \frac{860}{月法})$$

计算月所在度，先求每日月行的真正平均度，

$$\frac{章月 + 章歲}{章歲} = \frac{5227}{391} = \frac{月行周数}{日行周数} = \frac{月每日度}{日每日度}$$

$$1 : \frac{1}{124}(124 + \frac{860}{月法}) = 13° \frac{144}{391} ; 是月真正平行度又$$

$$又 = 13\frac{144}{391}(1 + \frac{860}{124 \times 月法}) = 13\frac{144}{391} + 13\frac{144}{391} \times \frac{6.93}{116321}$$

为计算方便，省去 $\frac{144}{391}$ 及 6.93，便为：

小数 $\frac{}{391}$ 以下若干数，

$$13\frac{144}{391} \times \frac{6.93}{116321} \doteq \frac{33895400}{39491 \times 116321}$$

$$= 29\frac{\frac{14231}{116321}}{39491}$$

由是　$x = 13\frac{145\cdot44}{39491} + 29\frac{\frac{14231}{116321}}{39491}$

$$= 13\frac{14573\frac{14231}{116321}}{39491}$$

即得真正月平行度 x，減去日平行度 1，得一日间月对于日的距度为

$$12\frac{14573\frac{14231}{116321}}{39491}。$$

今推天正十一月朔夜半月所在度，先段在夜半後再狂过和朔小餘相当的时间，即日月同度的合朔现象，由递推法，在日月同度时连行径朔小餘相当时间，求其距度，可得所求月所在度，从比例法：

$$1 : 12\frac{14573\frac{14231}{116321}}{39491} = \frac{朔小餘}{3939} : 相当距度 x$$

$$x = \frac{朔小餘}{3939} \times 12\frac{14573\frac{14231}{116321}}{39491}$$

$$= \frac{\dfrac{朔小餘}{3939} \left(488465\dfrac{14231}{116321}\right)}{39491}$$

$$= \frac{124 \times 朔小餘 + \dfrac{\dfrac{朔小餘}{3939} \times 3387540}{39491}}{39491}$$

$$= \frac{124\,朔小餘 + \dfrac{860 \times 朔小餘}{116321}}{39491}$$

从日所在度，减去此式，得夜半月所在度。

此求次月月所在度數，若逢大月，由

$$30 \times 13\frac{14573\dfrac{14231}{116321}}{39491} - 365\dfrac{10449}{39491} = 401°$$

$$+ \frac{2789 + 3\dfrac{77967}{116321}}{39491} = 365\dfrac{10449}{39491}$$

$$= 35\frac{31834\dfrac{77967}{116321}}{39491}$$

若遇小月，則由

$$29 \times 13\frac{14573\dfrac{14231}{116321}}{39491} - 365\dfrac{10449}{39491}$$

$$= 377 + 10 + \frac{27707 + 3\frac{63736}{11632.4}}{39491} - 365\frac{10449}{39491}$$

$$= 22° \frac{17264\frac{63736}{11632.4}}{39491}$$ 得兩个大小月 的最後結果。

求次月

大月加度三十五度，餘三萬一千八百三十四，微分七萬七千九百六十七，小月加度二十二，度餘萬七千二百六十一，微分六萬三千七百三十六，入虛去度也。

遲疾曆月行度
　　損益率
　　盈縮積分
　　差法

	行分	
一日	十四	十三
	益七十	
	盈初	
	五千三百四	
二日	十四十一	
	益六十五	
	盈百八十四萬二千三百一十六	
	五千二百七十	

183

三日	十四八
	益五十七
	盈三百五十五萬七百六
	五千二百一十九
四日	十四四
	益四十七
	盈五百五萬八千三百
	五千一百五十一
五日	十三三十
	益三十四
	盈六百二十九萬七千八百五十七
	五千六十六
六日	十三七
	益二十二
	盈七百二十萬二千六百九十一
	四千九百八十一
七日	十三十一
	益六
	盈七百七十七萬二千一百一十一
	四千八百七十九
八日	十三五
	損九

盈七百九十四萬九百五十二

四千七百七十七

九日　十二　二十

損二十四

盈七百七十萬七千四百一十五

四千六百七十五

十日　十二　支

損三十九

盈七百七萬二千一百

四千五百七十三

十一日　十二　士

損五十二

盈六百三萬五千七

四千四百八十八

十二日　十二　八

損六十

盈四百六十六萬三千一百

四千四百三十七

十三日　十二　支

損六十五

盈三百九萬三百三

四千四百三

十四日	十二^四
	損七十
	盈百三十八萬三千五百八十
	四千三百六十九
十五日	十二^五
	盈六十七
	縮四十五萬七千六十九
	四千三百八十六
十六日	十二^七
	盈六十二
	縮二百二十三萬七百五十五
	四千四百二十
十七日	十二^十
	盈五十五
	縮三百八十七萬五十四
	四千四百七十一
十八日	十二^茜
	盈四十四
	縮五百三十一萬九千三百八十五
	四千五百三十九
十九日	十二^{十九}
	益三十二

縮六百四十八萬四百四
四千六百二十四

二十日　　十三⁻
益十九
縮七百三十一萬六千六百八

〔原缺差法〕

二十一日　十三七
益四
縮七百八十一萬七千九百九十六
四千八百一十一

二十二日　十三三
損十一
縮七百九十一萬七千六百七
四千九百一十三

二十三日　十三九
損二十七
縮七百六十一萬五千四百四十
五千一十五

二十四日　十四⁻
損三十九
縮六百九十萬一千四百九十五
五千一百

二十五日　　十四^{十六}

損五十二

縮五百八十七萬二千七百三十五

五千一百八十五

二十六日　　十四^十

損六十二

縮四百四十九萬九千一百五十九

五千二百五十三

二十七日　　十四^{十二}

損六十七

縮二百八十五萬七千七百三十二

五千二百八十七

二十八日　　十四^{十三}

損七十四

縮百八萬二千三百七十九

五千三百三十一

　　歷疾曆、月行度、損益率、盈縮積分、差
法為大明曆歷疾曆表中五要目。

　　月行度　例如　一日　十四^{行分十三}
即一日的月實行為 14°13′，13′以行分法為
分母。若令度分兩項，改以章歲為分母，則
14°改成 5474。13′由章歲' = 17×23 关係，

用17乘之，得221，加5474，得5695，减去日行1°的章歲分，得5304，即差月行和日行平均的差，称为差法。又将月日平行的繁分数依十进小数展出，得13°369022……，再以章歲391乘之，得5228.288，……减表中一日下 14°$\frac{13}{23}$ 的章歲分 5695，得 467.712。

表中所載益率为70，其来因是：一日下月平行和实行的差 467.712，由通法分，改为月法分，即

$$26377 : 467.712 = 3939 : 益率$$

$$益率 = 467.712 \times \frac{3939}{26377} = 467.712 \times \frac{303}{2029} = 70$$

又八日下月实行和平行的差为 59.288，故其损率为 $59.288 \times \frac{309}{2029} = 9$，其餘做此。

表中所取月平行度，是繁分数式。损益率从比例得来，故用逐日累积的损益率，以乘通法 26377，使成盈缩积分，所得和各日下盈缩积分比较，有正负的微差。

第28日下缩积分1082379，用通法除之，得41，3依元嘉麻匯疾表计称，说为周日

除的損率，餘同。

　　推入遲疾曆術

以通法乘朔積日為通實，通周去之，餘滿通法為日，不盡為日餘，命日算外，天正十一月朔夜半入曆日也。

　　求次月

大月加二日，小月加一日，日餘皆萬一千七百四十文，曆滿二十七日，日餘萬四千之百三十一則去之。

　　大明曆求天正十一月朔夜半入遲疾曆，与景初曆微異。其法：置入紀年以來朔積日，以遲疾曆一月日數除之，即：

$$朔積日 \times \frac{通周}{通法} = \frac{通法 \times 朔積日}{通周}$$

$$= 通周的倍數 + \frac{剩餘}{通周}$$

棄去通周的整倍數，則剩餘小於通周，更用

$$\frac{剩餘}{通法} = 若干日 + \frac{日餘}{通法}，除日筭外，得夜半入曆。$$

　　以求次月朔入曆，可有除朔行分加入的繁項計筭，即將周虛11746，加入近点月内，湊成28日。然後次月遇大月加二日，遇小月加一日，得30日，或29日，除

日祘外，得次月朔夜半。近点月为

$$\frac{726810}{26377} = 27^{日}\frac{14631}{26377}$$

所谓："曆满 27日，日餘 14631 则去之。"如求朔夜半为次日入曆，则加一整日。

求次日加一日求日所在定度

以夜半入曆日餘乘損益率，以損益盈縮積分如差率而一，所得满化法为度，不盡为度餘，以盈加縮减平行度及餘为定度，益之或满法，損之或不足，以化法進退先度行分，如上法求次日，如所入疾加之，度去分如上法。

夜半入曆日餘，即计祘式：$\frac{日餘}{通法}$。

今求日所在定度，纷将月行遲疾条件半，加以於理朔日所在度。

通法：損益率 = 日餘：该日餘相当的損益率 x

$$x = \frac{日餘 \times 損益率}{通法}$$

以 x 加减盈縮積，即 盈縮積 $\pm$ $\frac{日餘 \times 損益率}{通法}$

$$= \frac{盈縮積 \pm 日餘 \times 損益率}{通法}$$

$$= \frac{(盈縮積 \times 通法 \pm 日餘 \times 損益率)}{通法}$$

由月行遲疾厤表說明，已知損益率以日法×章歲為分母，從而盈縮積分以日法×章歲為分母，由度數計算，得：

$$\frac{\dfrac{盈縮積分 \pm 日餘×損益率}{通法}}{日法×章歲}$$

$$= \frac{\dfrac{盈縮積分 \pm 日餘×損益率}{通法}}{39×101×391}$$

$$= \frac{\dfrac{(盈縮積分 \pm 日餘×損益率)/39}{通法}}{紀法}$$

以合朔時，以之盈加縮減月的平行度及餘，得定度。復加後大于紀法，或減數大於被減數，乃以紀法進退其度。

求度行分，須以17，乘月平行和實行度數差的章歲分，結果不變。所謂：如上法。如求次日定度，加一度後，再以本日由曆疾所得的度餘，並理虛去分，即了。

陰陽厤	損益率	兼數
一日	益十六	初
二日	益十五	十六

三日	益十四	三十一
四日	益十二	四十五
五日	益九	五十七
六日	益五	六十六
七日	益一	七十一
八日	損二	七十二
九日	損六	七十
十日	損十	六十四
十一日	損十三	五十四
十二日	損十五	四十一
十三日	損十六	二十六
十四日	損十六	十

陰陽曆、損益平、兼數三名詞釋見元嘉曆。惟大明曆以 $\frac{會周}{通法}$ 計祢，交点月日數為 27日 $\frac{5598}{26377}$，即分日的通法分為 5598；虚日的通法分為 20779。餘子參攷元嘉曆阴阳曆表及页说明。

推入陰陽曆術

置通實以會周去之，不滿定數三十五萬八千八百八十八半，為朔入陽曆分，各去之為朔入陰曆分，各滿通法得一日，不盡為日餘，命日算外，天正十一月朔夜半入曆日也。

　　求次月

大月加二日，小月加一日，日餘皆二萬七百七十九，曆滿十三日，日餘萬五千九百八十七半則去之，陽竟入陰，陰竟入陽。

　　交數 358885，即会周的一半，元嘉曆称为曆同。会周减通实，小衍或大衍曆周，为朔入阳曆分或阴曆分，皆以通法为分母，以通法除之，剩餘为月餘分，得天正十一月朔夜入曆日。

　　如求次月，和入疾迟曆，与求次日倨同。俱可參攷元嘉曆推入阴阳術条。

　　求次日加一日求朔望差

以二千二百二十九乘朔小餘，滿三百三为日餘，不盡倍之为小分，則朔差數也。加一十四日，日餘二萬一百八十六，小分百二十五，小分滿六百六従日餘，日餘滿通法为日，即望差數也，又加之，後月朔也。

　　朔小餘以日法为分母。改成通法为分母，則乘以

$$\frac{通法}{日法} = \frac{26377}{2937} = \frac{2029}{303}, \quad = 6\frac{211}{303} = 6\frac{422}{606}$$

以乘朔小餘，仍以通法为分母，得所求朔差數。

以求望差數，加入朔望月的一半，即

$$\frac{\frac{1}{2}月法}{日法} = \frac{月法}{2日法}$$

由日法分改成通法分，即由 $\frac{月法}{2日法} = \frac{x}{通法}$

$$x = \frac{月法 \times 通法}{2日法} = \frac{月法 \times 2029}{606}$$

$$\frac{x}{通法} = \frac{20186\frac{125}{606}}{通法}$$

即所求望差數。加入一个望差數，得後月朔。

　求合朔月食

置朔望夜半入陰陽曆日及餘，有半者去之，置小分三百三，以差數加之，小分滿六百之從日餘，日餘滿通法從日，日滿一曆去之，命日算外，則朔望加時入曆也。朔望加時入曆一日，日餘四千一百九十八，小分四百二十八，以下十二日，日餘爲一千七百八十八，小分四百八十一以上，朔則交會，望則月食。

　交点月一半的通法分，为 358888·5。0·5 以 $\frac{303}{606}$ 代之，所谓"有半者去之，置小分三百三"。

　次經秋朔望加时入曆，论波论艾入食的条件，先求"朔合分"，即：

$$\frac{月法}{日法} - \frac{会周}{通法} = \frac{月法 \times \frac{通法}{日法} - 周会}{通法}$$

$$= \frac{116321 \times \frac{2029}{303} - 717777}{26377}$$

$$= \frac{朔合分}{通法}$$

$$朔合分 = 61151\frac{125}{303} = 2 \times 朔合分的一半$$

$$= 2 \times (30575\frac{428}{606})。今将朔合分的一半，$$

除以通法，得 $\dfrac{1日\,4198\frac{428}{606}}{26377}$，称为日月

交食的前限，又从麻周 $\dfrac{13\frac{15987\frac{303}{606}}{26377}}{}$

$$- \frac{朔合分的一半}{26377} = \frac{12日\,11788\frac{481}{606}}{26377}$$

求合朔月食定大小餘

令差數日餘加夜半入遲疾麻餘，日餘滿通法從日，則朔望加時入麻也。以入麻餘乘損益率，以損益盈縮積分如差法而一，以盈減縮加本朔望小餘為定小餘，益之或滿法，損之或不足，以日法進退日。

差數日餘，及夜半入遲疾曆日餘，皆以通法為分母。二者相加，菶秌定朔望加時入曆日餘。

術言："以入曆餘乘損益率，以損益盈縮積分，如差法而一"，用示式表示，得：

$$\frac{盈縮積分 \pm 入曆日餘 \times 損益率}{差法}$$

式內：

$$損益率 = 月实行和平行差的章歲分 \times \frac{日法}{通法}$$
$$= K \times \frac{日法}{通法}$$

$$盈縮積分 = K的累積數 \times 通法 \times \frac{日法}{通法}$$
$$= k' \times \frac{日法}{通法}$$

即：
$$\frac{(k' \pm 入曆日餘 \times k) \frac{日法}{通法}}{差法}$$

今依乾象曆法：将前式视为求"盈縮日分"中必要示式。得：

$$差法：日法 = \frac{\frac{(k' \pm 入曆日餘 \times k)}{通法}}{差法}：盈縮積分相当的日法分 x$$

$$x = \frac{(k' \pm 入曆日餘 \times k) \frac{日法}{通法}}{差法}$$

以之盈減縮加本朔望小餘，得定小餘。加得數若滿日法，須進一日；減時被減數小於減數，須退一日。此處弓以考致清季錢乾家曆註"求弦望定小餘"条。

求合朔月食加時

以十二乘定小餘，滿日法得一辰，命以子算外，加時所在辰也。有餘者四之，滿日法得一為少，二為半，三為太，又有餘者三之，滿日法得一為強，以強并少為少強，并半為半強，并太為太強，得二者為少弱，以并太為一辰弱，以前辰名之。

弓参致景初曆及元嘉曆遲疾曆表及推加时条。

求月去日道度

置入陰陽曆餘乘損益率，如通法而一，以損益兼數為定，定數十二而一為度，不盡三而一為少半太，又不盡者一為強，二為少弱，則月去日道數也。陽曆在表，陰曆在裏。

通法：損益率 ＝入陰陽曆餘：曆餘相对

的損益數 x

$$x = \frac{入陰陽曆餘 \times 損益率}{通法}$$

以損益朏數為定數，定數以十二除之，得度數
及分，即月去日道度。作丙辛改景初、元嘉兩
厤推加時条。

二十四氣	日中影 昏中星度	晝漏刻 明中星度	夜漏刻
冬至	一丈三尺	四十五	五十五
	八十二行分二十	二百八十三行分八	
小寒	一丈二尺四寸三分	四十五六	五十四分
	八十四	二百八十二六	
大寒	一丈一尺二寸	四十六七	五十三三
	八十六一	二百八十六	
立春	九尺八寸	四十八四	五十一六
	八十九三	二百七十七三	
雨水	八尺一寸七分	五十五	四十九五
	九十三	二百七十三七	
驚蟄	六尺六寸七分	五十二九	四十七一
	九十七	二百六十八二	
春分	五尺三寸七分	五十五五	四十四五
	百二三	二百六十四三	
清明	四尺二寸五分	五十八一	四十一九
	百六二十	二百五十九八	

穀雨	三尺二寸六分	六十四四	三十九六
	百一十一二	二百五十四四	
立夏	二尺五寸三分	六十四四	三十七六
	百一十四六	二百五十一二	
小滿	一尺九寸九分	六十三九	三十六一
	百一十七三	二百四十八七	
芒種	一尺六寸九分	六十四八	三十五二
	百一十九四	二百四十七二	
夏至	一尺五寸	六十五	三十五
	百一十九三	二百四十六七	
小暑	一尺六寸九分	六十四分	三十五二
	百一十九四	二百四十七二	
大暑	一尺九寸九分	六十三九	三十六一
	百一十七三	二百四十八七	
立秋	二尺五寸三分	六十二四	三十七六
	百一十四六	二百五十一二	
處暑	三尺二寸六分	六十四	三十九六
	百一十一三	二百五十四四	
白露	四尺二寸五分	五十八一	四十一九
	百六二	二百五十九八	
秋分	五尺三寸七分	五十五五	四十四五
	百二三	二百六十四三	

寒露	六尺六寸七分	五十二九	四十七一
	九十七九	二百六十八□	
霜降	八尺一寸七分	五十五	四十九五
	九十三	二百七十三七	
立冬	九尺八寸	四十八四	五十一六
	八十九□	二百七十七三	
小雪	一丈一尺一寸	四十七七	五十三二
	八十六□	二百八十□六	
大雪	一丈二尺四寸三分	四十五六	五十四四
	八十四	二百八十二六	

求昏明中星,各以度數如夜半日所在,則中星度也。

　　大明曆步軌漏表內日中影、晝漏刻、夜漏刻、昏中星度、明中星度諸數據,祖冲之都是得之實測。冲之上表中說:元嘉曆頒行至今,二至晷影,凡失一日。非徒實測不能道,表中關於日中影的,在距冬夏至前後各氣均對稱,晷影尺度都相等,是根據四分曆,加以改正。四分曆冬至前後對稱二氣。

　　例如:雨水、霜降,日中影為 7.95尺;8.4尺。兩數相加折半,為 8.17尺,即大明曆雨水及霜降的日中影。其餘依此。

晝夜漏刻根據黃道去極度，与四分曆微异。

昏明中星兩項，度餘用行分法。例如：冬至昏中星度为82度23分度之21；明中星为280度23分度之8。文餘仿此。理论可参攷景初曆昏明中星的解釋。

　　推五星術

木率千五百七十五萬三千八十二

火率三千八十萬四千一百九十六

土率千四百九十三萬三百五十四

金率二千三百六萬一十四

水率四百五十七萬七千二百四

　　推五星術中，設木、火、土、金、水五率。例如：以化法39491除木率15753082，得木星会合周期

$$398^日\frac{35664}{39491}$$

故木率是一紀的合數，亦即一合的化法分。其它四率，仿此。

　　推五星術

置度實各以率去之，餘以减率，其餘如紀法而一，为入歲日，不盡为日餘，命以天正朔算外，星合日。

　　以木星为例，置上元以来朔積日，以

$$\frac{纪法 \times 朔积日}{木率} = \frac{度实}{木率} = 积合 + \frac{度馀分}{木率}$$

其中左边 $\frac{木率}{纪法}$ 除之，得：

弃去积合，所剩的度馀分为小于一合日数的纪法分，以之和木率相减，其减馀数定为所求率

上元   所求天正月朔

A   B   C   T   F R   D

天正朔日间的日数及馀的纪法分。如图，A点代表上元起首点，R为所求天正朔日点，AR表示度实，AB＝BC＝……＝TF＝FD 均表木率。AF为积合总和的纪法分，FR为度馀分，由木率 FD 减去度馀分 FR，所得为 RD，但D为天正朔后的星合日点，故以纪法除 RD，得入岁日及日馀，即星合日。

求星合度

以入岁日及馀，从天正朔日积度及馀，满纪法从度，满三百六十馀度分 则去之，命

以虛一算外,星合所在度也。

從天正朔日,從作加字解。滿紀法從度,從作成字解。

太陽每日行一度,以入歲日及日餘,和天正朔日星的積度及餘相加;加後,大於周天度數及,須棄去之。小於周天度數,以虛宿一度為起示点,得星合所在度。

求星見日

以術伏日及餘,加星合日及餘,餘滿紀法從日,命如前見日也。

求星見度

以術伏度及餘加星合度及餘,餘滿紀法從度,入虛去度分,命如前,星見度也。

可參攷元嘉曆推五星法:求星見日法及求星見度法兩条。惟元嘉曆用日度法,大明曆用紀法以代之。

行五星法

以小分法除度餘,所得為行分,不盡為小分,及日,加所行分,滿法從度,留者因前,逆則減之,伏不盡度,從行,入虛去行分之,小分百四十七,逆行出虛則加之。

可參攷前述求行分条,及景初曆五星

曆步術解釋。

木初與日合，伏十六日，餘萬七千八百三十二，行二度，度餘三萬七千五百四，晨見東方，從日行四分百一十二日 行十九度 十二分，留二十八日，逆日行三分八十六日退十二 度五分，又留二十八日，從日行四分百一十二日，夕伏西方，日度餘如初。一終三百九十八日，日餘三萬五千六百六十四，行三十三度，度餘二萬五千二百一十五。

　這是紀述木星在軌道上實際動态。和景初曆術大同小异，惟大明曆日餘、度餘皆以紀法為分母。"從日行四分百一十二日，行十九度十一分"，即本星跟隨太陽，每日行 23 分之 4 分，112 日得 $19°\frac{11}{23}$。從日行即順日行。"日度餘如初"是說日數、度數、日餘、度餘均和最初一樣。晨初是說合後伏的日數、日餘、度數、度餘；這里是說合前伏的日度餘。兩者對稱，所以是相等的。

　以下諸星運行解釋倣此。

火初與日合，伏七十二日，日餘六百八，行五十五度，度餘二萬八千八百六十五，晨見

東方，從疾日行十七分，九十二日行六十度，小遲，
日行十四分，九十二日行五十六度，大遲，日行九分，
九十二日行三十六度，留，十日，逆日行六分，六十四
日退十六度，又留，十日從遲日行九分，九十
二小疾，日行十四分，九十二日大疾，日行
十七分，九十二日夕伏西方，日度餘如初。
一終七百八十日，日餘千二百一十六，行四
百一十四度，度餘三萬二百五十八，除一周，
定行四十九度，度餘萬九千八百九。
土初与日合，伏十七日，日餘千三百七十八行
一度，度餘萬九千三百三十三，晨見東方，行
順日行二分，八十四日行七度，留三十三日，行
逆日行一分百一十日退四度，又留，三十三日從日
行二分，八十四日夕伏西方，日度餘如初。一
終三百七十八日，日餘二千七百五十六，行十二度，
度餘三萬一千七百九十八。
金初与日合，伏三十九日餘三萬八千一百二十七，
行四十九度，度餘三萬八千一百二十七，夕見西
方，從疾日行一度五分，九十二日行百度，小遲，
日行一度四分，九十二日行百度，大遲，日行十七分，
四十五日行三十三度，留，九日遲，日行十六分退六度，
夕伏西方，伏五日，退五度，而与日合，又五日退

五度，而晨見東方，逆日行十六分，九日留，九日
從日遲行十七分，四十五日小疾，日行一度四分，
九十二日大疾，日行一度五分，九十二日晨伏東方，
日度餘如初。一終五百八十三日，日餘三萬六
千七百六十一，行星如之，除一周定行二百十八
度，度餘二萬六千三百一十三，合二百九十一日，
日餘三萬八千一百二十六，行星亦如之。
水初与日合，伏十四日，日餘三萬七千一百十
五，行三十度，度餘三萬七千一百一十五，夕
見西方，從疾日行一度六分，二十三日行三十
九度，日行二十分，八日行六度，留，二日遲，日
行十一分，二日退二十二分，夕伏西方，伏八日，退八
度，而与日合，又八日退八度，晨見東方，
逆日行十一分，二日留，二日從遲日行二十分，
八日疾日行一度六分，二十三日晨伏東方，
日度餘如初。一終百一十五日，日餘三萬
四千七百三十九，行星如之。一合五十七日，
日餘三萬七千一百一十五，行星亦如之。
上元之歲，歲在甲子，天正甲子朔夜半
冬至，日月五星聚于虛度之初，陰陽遲
疾，並自此始。

正光曆法

壬子元以來，至魯隱公元年，歲在己未，積十六萬六千五百七算外，入甲申紀來至隱公元年己未，積四萬五千三百七算外。

壬子元以來，至今大魏正光三年，歲在壬寅，積十六萬七千七百五十算外，壬子歲入甲申紀以來，至今孝昌二年，歲在丙午，積四萬六千五百五十四算外，從壬子元以來，至今大魏孝昌三年，歲次丁未，積十六萬七千七百五十六算上，壬子歲入甲寅紀以來，至今大魏孝昌三年，歲次丁未，積四萬六千五百五十六算上。

〔甲寅疑為甲申之誤〕

章歲 五百五。

古十九年七閏。閏餘盡為章，積至多年月盡之日，月見東方，日蝕先晦，輒復變曆。二百年多一日，三百年多一日半。晦朔失故，先儒及緯文皆言二百年斗曆改憲，候天減閏。五百五年減閏餘一九，千五百九十五年減一閏月，則從僖公五年至今日蝕不失晦與二日合，朔者多，閏餘成月，餘盡為章。

〔自違公五年句，以下數句，疑有脫誤。〕

章閏一百八十六。

　　五百五年閏月之數，其中減舊十九分之一。

章月六千二百四十六。

　　五百五年所有月之數，並閏月。

蔀法六千六十。

　　十二章為一蔀，至此年小餘成日為度法。

斗分一千四百七十七。

　　四分度法得一千五百一十五為古法。今減三十八者，從僖公五年以來減七日有奇，謂為太近，一百一十三歲減顓日減之太深，是以三十餘年，改從四子也。恐有論字。

自一百一十三歲以下，當有脫誤。

紀法六萬六百。

　　十蔀成紀，大餘十也。

統法十二萬一千二百。

　　二紀成統，大餘二十。

日法七萬四千九百五十二。

　　十二乘章月為日法，章月一年之閏分之誤。

閏疑為積

周天分二百二十一萬三千三百七十七。

　　以度法通三百六十五度內斗分。

氣法二十四。

歲中十三，（三当为二之误。）年一十二次，次有初中，分二十四。

朔月大餘二十九，小餘三萬九千七百七十九。

日法除周天分得之，日法者一蔀之月數，周天分者一蔀之日數，以用月除象日，得一月二十九及餘，是周天分，即為月通。（以用月除）

象日，当为以蔀月。（莉约月通下脱一数字。）陈莉日待寀之误。

章歲 505 年间，置閏 186，与之和古法 19 年 7 閏比較：

$$19:7 = 505:x$$

$$x = \frac{7 \times 505}{19} = 186 \text{ 奇}$$

李業興 圆说：章閏一百八十六。"五百五年閏月之數，其中減舊十九分之一。"

$$12 \times 章歲 = 蔀法$$

$$12 \times 章月 = 蔀月$$

周天為一年日數的度法分，六即蔀法分。

十蔀為一紀，一紀的周天分为 ~~之213377~~

60除之，剩餘 10，紀法下李氏注之圆说：大餘十也。

会数百七十三，馀二万三千二百八。

五月二十三分月之二十为一会，以二十三乘
五月内二十，得二百三十五，以乘周天分，以
二十三乘日法除之，得一百七十三及馀。

会通一千二百九十八万九千九百四。

以日法乘会数内会馀。

周日二十七，馀四万一千五百六十二。

以月一日行除周天得二十七日及馀。

通周二百六万五千二百六十六。

日法乘周日二十七内周馀。

小周六千七百五十一。

月一日行十三度，乘章岁内章闰也。

小周是一章 505 年间月行周数，以章岁
除小周 6751 得 $13\frac{186}{505}$，即月行 13 周，
又 505 分周之 186，点即月一日行
$13°\frac{186}{505}$。更以 12 乘小周，得月周
81012，得一蔀的月行周数，
以蔀法除之，所得，和以章岁除小周同。

注文中常见"内斗分""内会馀"等词。
"内"古文与"纳"通。

推月朔术第一
推积月

術曰：置入紀年算外，以章月乘之，如章歲為積月，不盡為閏餘，閏餘滿三百一十九以上，其歲有閏。

推朔積日

術曰：以通數乘積月為朔積分，分滿日法為積日，不盡為小餘，大旬去積日不盡為大餘，命以紀算外，則所求年天正十一月朔日。

推上下弦望

術曰：加朔大餘七，小餘二萬八千六百八十，小分一，小分滿四從小餘，小餘滿日法從大餘一，大餘滿六十去之，即上弦日，又加得望，又加得下弦，又加得後月朔。

可參攷景初曆 推朔積月、推朔、推弦望諸條。

推二十四氣術第二

推二十四氣

術曰：置入紀年以來算外，以餘數乘之為實，以蔀法除之，所得為積沒，不盡為小餘，以六旬去積沒，不盡為大餘，命以紀算外，所求年天正十一月冬至日。求次氣加大餘十五，小餘一千三百二十四，小分一，小分滿氣法二十四從小餘一，小餘滿蔀法從大餘一，大餘滿六十去之，命如上，即次氣日。

求二十四氣首氣冬至，先求餘數：

$$\frac{周天分}{蔀法} = 360\frac{31777}{6060}$$ ，分子 31777 稱為餘數，為即一蔀 6060 年的没日數。術文所謂：以餘數乘入紀以来年為實。

$$\frac{實}{蔀法} = 積没 + \frac{小餘}{蔀法}$$ ，將積没棄去 60 之倍數，從甲子日起算，得若干个干支日。次日即天正十一月冬至日也。

求次氣、推閏、及二十四氣各月中節，均可參攷暴而厤 求次氣、推閏月及各月中節諸条。

推閏

術曰：以閏餘減章歲五百五，餘以歲中十二乘之，滿章閏一百八十之，得一月，餘半法已上，亦得一月。數從天正十一月起算外，閏月月也。閏有正退。〔正疑為推之誤。〕以無中氣為正。

冬至 十一月中
小寒 十二月節
大寒 十二月中
立春 正月節
雨水 正月中
驚蟄 二月節

春分二月中

清明三月節

穀雨三月中

立夏四月節

小滿四月中

芒種五月節

夏至五月中

小暑六月節

大暑六月中

立秋七月節

處暑七月中

白露八月節

秋分八月中

寒露九月節

霜降九月中

立冬十月節

小雪十月中

大雪十一月節

推合又交会月蝕去交度 此處應有第三兩字原本無恐有訛 又朔朔強

術曰：置入紀朔積分，朔以交会差分并之。

今用甲申紀差分七百四十一萬八千七百八十四也。

以会通去之，所得为积交，馀不尽者，以日法
除之，所得为度馀，即所求年天正十一月朔却
去交度及馀。

　　求次月去交度

术曰：加度二十九，日度馀三万九千七百六十九，
除如上，则次月去交度及分。

　　求望去交度

术曰：加度十四，日度馀五万七千三百六十半，
度馀满日法从度，满会数去之，亦除其馀，
馀若不足减者，减度一，加会望则望去交
度及分，朔望去交度分如朔望合数十四
度，度数五万七千三百六十半已下，入交限数
一百五十八度，度馀四万七百九十九半以上者，
朔则交会，望则月食。

朔积分即通数乘积月。

$$\frac{入纪朔积分 + 交会差}{会通} = 积交 + \frac{不尽数}{会通}$$

今以甲申纪为例说明之：

　　甲申纪起示标点，不在交点月的交点处，而在
距交点的交会差处。甲申纪交会差分为7418784，
故於入纪朔积分内，加此差分，庶为起算点，
而和交点符合。会通和交点月之半相当。以

会通除，棄去会通若干倍，所得剩餘，小於会通，即和兩交点中間若干度处相当。剩餘均為度數的日法分，用日法除之，得天正十一月朔却去交度及度餘。

如求次月去交度，須將曆數"涇月"下的"大餘"及"小餘"，改为"度"及"度餘"，加入即得。

如求望去交度，將"涇月"大小餘改为度及度餘，取其半數，以之加入"十一月朔却去交度"，即得。

会虛，是从日法 74952，減去"会數"下会餘 23208，得会虛 51744。加后所得大於会數及会餘，則棄去会數及会餘。若以餘減餘，被減數小於減數時，應減一度。並以日法通之，加会虛，再減之。條可参攷景初曆求去交術条。

甲子紀	合朔日月如合建交中	
甲戌紀	合朔月在日道裏	交会差四十九度
度餘三萬之千七百四十四		
甲申紀	合朔月在日道裏	交会差九十八度
度餘七萬三千四百八十八		
甲午紀	合朔月在日道裏	交会差一百四十八度

度餘三萬五千二百二十八
甲辰紀 合朔月在　　交會差二十四度
度餘四萬八千八百一十六
甲寅紀 合朔月在　交會差七十四度
度餘一萬六　　百八

　　甲子 甲戌 甲申 甲午 甲辰 甲寅 这六紀的
交会差，含义和景初曆同。甲子紀首在中交
点，術文故说：日月如合璧。紀首即以中交
点起祘。第一紀无交会差，从中交点起，置
一紀积月749520，以通数，即周天分
2213377乘之，得1658970329040，棄去
会画127712倍，即月行自中交点至初交点
的倍数。其倍数为耦，故月行仍在中交点
处。棄去倍数，所得剩馀3709392，
以日法为分母，仍以日法除之，得从中交
点起，治黄道以北月轨道
　　　　49° 36744/74952 ，

即甲戌紀的交会差。餘均仿此计祘，可参
效景初曆甲子等紀解釋。
　　求交道所在月

以十一月朔却去交度及餘，減會數及餘，餘若不足減者，減一度加入法乃減之，乃以十一月朔小餘加之，滿日法除去之，從日一，餘為日餘，命起往年十一，如曆月大小除之，不滿月者為入月算外。

交道日：交在望前者，其月朔則交會，望則月蝕，交在望後者，亦其月月蝕，後月朔則交會，交正在望者，其月月蝕既前後皆交會，交正在朔者，日蝕既，而後望皆月蝕，求後交月及日，以會數及餘，加前入月日及餘，餘滿日法從日一，如曆月大小除之，命起前蝕月得後交月及餘。

會數及會餘，是日行从中交点至初交点，或初交点至中交点，所徑过的日數或度數。從這數減去十一月朔却去交度及餘，所得為过交後孤上某一据点。如遇以餘減餘，減數大於被減數时，則減一度。加日法而后減之。更加十一月朔小餘，如大於日法，則棄去而進一日。餘为日餘，命以往年十一月为起示点。棄去所徑过若干大小月，至不满一月时为入月示外，即交道所在日。如在交会，六即交道所在月。

衔文所说：交在望前者，其月朔則交会，望則月蝕；交在望后者，六其月月蝕，后月朔則交会。交正在望者，其月月蝕既前后朔皆交会，交正在朔者，日蝕既，前后望皆月蝕。"这段文字论述日月蚀及食限和朔望的关係，三统曆即创此说，以後曆家沿用之，直至明末西法東渐，始有改进。

求后交月及日，从前入月日及餘，加入会数及会餘；加后，如大於日法，须进一日，仍棄去大小历月，命从前蝕月起祘，得后交月及餘。

推月在日道表裏

術曰：置入纪朔積分，又以纪交会差分加之。

今用甲申，如交会差分七百四十一萬八千七百八十四。

倍会通去之，餘不洲会通者，纪首裏者，則天正十一月合朔，月在日道裏，纪首表者，則月在表若滿会通者，纪首表者，則月在裏，纪首裏者，則月在表，黄道南爲表，北爲裏，其滿会通去之，餘如日法而一，即往年天正十一月朔都交度及餘，以都去交度及餘，減会数及会餘，会餘若不足減者，減一度，加日法乃減，餘爲前去度及餘，又以十一月朔小餘加之，滿日法從度一，命起十一月，如曆月大小除之，不滿月者爲入月日及餘筭外交道日。

若十一月朔，月在日道裏者，此交爲出外，

後交為入內，十一月朔在表者，此交為入內，後交為出外，一出一入常法也。

其交在朔後望前者，朔月在日道表裏，与十一月同。望則反矣。若交在望後朔前者，望与十一月同，後月朔則異矣。

若先交會後月蝕者，朔月在日道裏，望在表，朔在表，則望在裏。又先月蝕後交會者，望在表，則朔在裏也。

望則裏則朔在表矣。

推交會起角

術曰：其月在外道，先會後交者，虧從東南角起。先交後會者，虧從西南角起。其月在內道，先會後交者，虧從西北角起。先交後會者，虧從西北角起。合交中者蝕之既，其月蝕在日之衝，起角亦如之。凡日月蝕去交十五為限，十以下是蝕也，十以上虧蝕微少，光影相接而已。

推蝕分多少

術曰：置入交限十五度，以朔望去交日數減之，餘列蝕分。

可參攷景初曆：求合朔交會月蝕月在日道表裏術、求次月、求去交度術、求日蝕虧起角術諸條。

推合朔入曆遲疾盈縮第四

推合朔入曆遲疾

術曰：置入紀以來，朔日積分，又以紀遲疾差分并之。今

　　今用甲申紀遲疾差分一百八十二萬千七百九十二。

以通如一為積周，不盡者以日法約之，為日，不盡為

日餘，命日算外，即所求年天正十一月合朔入

曆日。

甲子紀	遲疾差二十四日	日餘六萬三千五百六十八
甲戌紀	遲疾差二十四日	日餘四萬二千二百五十六
甲申紀	遲疾差二十四日	日餘二萬九百四十四
甲午紀	遲疾差二十三日	日餘十萬四千五百八十四
甲辰紀	遲疾差二十三日	日餘五萬三千二百七十二
甲寅紀	遲疾差二十三日	日餘三萬一千九百六十

求次月入曆日

術曰：加二日，日餘七萬三千一百五十九。日餘滿日

法從日，日滿二十七去之。亦除餘，如周日餘。

日餘若不足減，一日加周虛，日滿二十七，而餘不

滿周日日餘者，為入曆值周日，法約去之，為入

曆一日。

求望入曆

術曰：加十四日，日餘五萬七千三百六十半，又加

得後月曆日。

參玖景初厤推合朔交會月蝕入歷疾厤術及甲子等六紀歷疾差兩条。

月行遲疾度及分　　　　　　損益率
　盈縮并　　　　　　　　　　盈縮積分
一日十四度二百六十一分　　益六百八十
　盈初
二日十四度三百分　　　　　益六百一十九
　盈六百八十　　　　　　　　盈積分七千五百五十
三日十四度二百四十六分　　益五百五十五
　盈一千二百九十九　　　　　盈積分一萬四千四百二十二
四日十四度一百七十二分　　益四百九十
　盈一千八百五十四　　　　　盈積分二萬五百八十四
五日十四度九十九分　　　　益四百一十八
　盈二千三百四十四　　　　　盈積分二萬六千二十四
六日十三度四百七十一分　　益二百八十五
　盈二千七百六十二　　　　　盈積分三萬六百六十五
七日十三度二百六十六分　　益八十
　盈三千四十七　　　　　　　盈積分三萬三千八百二十九
八日十三度六分　　　　　　損一百二十五
　盈三千一百二十七　　　　　盈積分三萬四千七百一十七
九日十三度四百一十九分　　損二百五十二
　盈三千二　　　　　　　　　盈積分三萬三千三百二十九

十日十二度三百三十八分

盈二千七百五十

損三百五十三

盈積分三萬五百三十一

十一日十二度二百三十七分

盈二千三百九十七

損五百五十四

盈積分二萬六千六百一十二

十二日十二度一百三十六分

盈一千九百四十二

損五百五十五

盈積分二萬一千五百七十二

十三日十二度三十五分

盈一千三百八十八

損六百五十六

盈積分一萬五千四百一十

十四日十一度四百六十四分

盈七百三十二

損七百三十一

盈積分八千一百二十七

十五日十二度三十六分

縮初

益六百五十五

十六日十二度二百六分

縮六百五十五

益五百八十二

縮積分七千一百七十三

十七日十二度二百八十九分

縮一千二百三十七

益五百二

縮積分一萬三千七百三十四

十八日十二度二百九十分

縮一千七百三十七

益四百一

縮積分一萬九千三百七

十九日十二度二百九十二分

縮二千一百四十

益二百九十九

縮積分二萬三千七百五十九

二十日十二度四百九十六分

縮二千四百三十九

益一百九十五

縮積分二萬七千七十九

二十一日十三度一百一十八分	益六十八
缩二千六百三十四	缩积分二万九千一百四十四
二十二日十三度二百三十三分	损五十七
缩二千七百二	缩积分二万九千九百九十九
二十三日十三度三百八十八分	损二百二
缩二千六百四十五	缩积分二万九千三百六十七
二十四日十四度二十九分	损三百四十八
缩二千四百四十三	缩积分二万七千一百二十三
二十五日十四度一百七	损四百九十三
缩二千九十五	缩积分二万三千二百四五十九
二十六日十四度三百八十七分	损六百行
缩一千六百二	缩积分一万七千七百八十七
二十七日十四度三百一十一分	损六百三十一
缩九百九十六	缩积分一万四千五十八
周日十四度三百三十九分小分九千六百八十四	损六百五十 小分九千六百八十四分
缩三百六十五	缩积分四百五十二

月行迟疾度及分　损益率　盈缩并　盈缩积分 为正光历迟疾历表中各项目。各日下之分，以章岁505为分母的，由月一日的平行度，为

$$\frac{小周}{章岁} = 13°\frac{186}{505}$$，计示出各月实行和平行的差，即为损益率，累积损益率，为盈缩并。含义和以前各历均同。

$$\frac{盈縮積分}{盈縮并} = \frac{日法}{小周}$$

$$盈縮積分 = \frac{日法}{小周} \times 盈縮并$$

已知

近点月为 $27^日 \dfrac{41562}{74952}$

周日日餘为 41562

周虚为 33390

以周日下缩率 365 为周日日餘的损率，

用四秒出周日的损率者 $658 \dfrac{9684}{41562}$

故表中周日载损 六百五十八，

小分九千六百八十四。

推合朔定会月蝕定大小餘

術曰：以入厤日餘乘所入厤下损益率，以小周之千七百五十一除之，所得以损益盈縮積分加之，为定積分，值盈者以减本朔望小餘，值缩者加之，满日法者，交会加時在後日，减之不足减者，减上一日，加下日法乃减之，交会加時在前日月蝕者，隨定大小餘為定日加時。

各厤計秒均同。如景初厤者：

$$\frac{\text{干入厤日餘} \times \text{損益率}}{\text{所入厤月行分}} = \frac{\text{盈縮積分}}{\text{一章歲}}$$

本厤為

$$\text{盈縮積分} = \text{損益率的積累} \times \frac{\text{日法}}{\text{小周}}$$

$$\frac{\text{盈縮積}}{\text{小周}} = \frac{\text{干日餘} \times \text{損益率}}{\text{小周}}$$

$$= \text{損益率之積累} \times \frac{\text{日法}}{\text{小周}} \mp \frac{\text{日餘} \times \text{損益率}}{\text{小周}}$$

$$= \frac{\text{日法} \times \text{損益率之累積} \mp \text{日餘} \times \text{損益率}}{\text{小周}}$$

兩式比較，僅把景初厤中分母"月行分一章歲"代以"小周"而已。餘另考改景初厤註釋。

推加時

術曰：以時法之千二百四十之除定小餘，所得命以子起算外，朔望加時，有餘不盡者四之，加法得一為廿，二為半，三為太半，又有餘者三之，如法得一為彊，半法以上排成之，不滿半法棄之，以彊并少為力彊，并半為半彊，并太為太彊，得二彊者為少弱，以之并少為半彊，以之并半為太弱，以之并太為一弱，隨所在辰命之，則其彊弱日之衝為破，日常在破下蝕。

"以时法六千二百四十六除定小餘"，和景初曆不同。此数和法数章月相周。所谓时法，因以此数除日法 74952，便得12辰之法。

$$74952 \div 12辰 = 定小餘：所求相当辰刻以$$

$$x = \frac{12 \times 定小餘}{74952} = \frac{定小餘}{6246}$$

餘可参攷景初曆注释。

入曆值周日者

術曰：以周日月餘乘損率，以周日度小分并又以入曆日餘乘之为实，以小周乘周日日餘为法，实如法得一，以减缩积积分，有餘者以加本朔望小餘，小餘满日法從大餘，一足为餘，後日推加時如上法。

周日下的缩为 365，即周日日餘 41562 的損率。由此求出

$$周日損率 = 658\frac{9684}{41562} = 損率\frac{小分}{周日日餘}$$

今推入曆这位周日的定大小餘，若用小周代周日月行分一章歲，应为

$$\frac{損率\frac{小分}{周日日餘}}{小周} = \frac{入曆日餘 \times 周日日餘 \times 損率十小分}{小周 \times 周日日餘}$$

以之去減縮分，減餘和本朔望小餘相加，即得所求。小餘如大於日法，則臣一日，是為蝕後日。

推日月合朔弦望度術第五

推日度

術曰：置入紀朔積日，以日度法乘之，滿周天去之，餘滿日度法為度，不盡為餘，命度起牛前十二度。

牛前十二度在斗十五度也。

宿次除之，不滿宿者，筭外，即天正十一月朔夜半日所在度。

推日度又法

術曰：置周天三百六十五度，斗分一千四百七十七，以冬至去朔日數減一，餘以減周天度冬至小餘，減斗分不足減者，減度一，加日度乃減之，命起如上，即所求年天正十一月朔日夜半日所在度。

求次月日所在度

術曰：月大加三十度，月小加二十九度，求次日加一度，宿次除之，逕斗去其分一千四百七十七。

推日度第一法，和景初曆以下諸曆同。

第二法解釋如次。冬至去經朔日，是將冬至这一日，計示在內。去經朔日減一，即为从冬至前夜半起示，至十一月朔开始夜半的日數。冬至小餘为夜半至交冬至的日餘。日每日行一度，故其日數及日餘，即是日所在度數及度餘。置周天度365及斗分1477，減去上述度數及度餘，即得天正十一月朔日夜半日所在度。

求次月或次日夜半日所在度，视各距算日，即加几度，並經斗去其分。

推合朔日月共度

術曰：以章歲乘朔小餘，以章月除之，所得为大分，不盡小分，以加夜半日度分，分滿日度法從度，命起如前，即所求年天正十一月合朔日月共度。

求次月合朔共度

術曰：加度二十九，大分三千二百一十五，小分二千四百五十五，小分滿章月從大分，大分滿日度法從度，宿次除之，逕斗除其分，則次月合朔日月共度。

郭法＝12×章歲　日法＝12×章月

故以章月代景初、元嘉兩厤的通法，餘可参孜兩厤的注释。

推月度

術曰：置入紀朔積日，以月周八萬一千一十二乘之，滿周天去之，餘以日度法約之為度，不盡為度分，命度起牛前十二度，宿次除之，不滿宿者算外，即所求年天正十一月朔夜半月所在度及分。

推月度又一法

術曰：以小周乘朔小餘為実，以章歲來疑誤日法為法，実如法得一為度，不滿法者以章月除之為大分，不盡為小，所得以減合朔度及分，餘即所求年天正十一月朔夜半月所在度及分。

推月度 第一法參攷景初元嘉兩曆的推月度係解釋。

第二法解釋如次：

以章歲除小周，得月日平均度 $13°\frac{186}{505}$，朔小餘以日法為分母。

$$\frac{朔小餘}{日法} \cdot \frac{小周}{章歲} = 月逕此朔小餘相$$

当的時刻所行的度数，即自夜半至合朔時月所行的度数，故由除法，即

$$\frac{小周 \times 朔小餘}{章歲 \times 日法} = 二度數 + \frac{不盡數}{章歲 \times 日法}$$

不盡數更以日法內因數章月除之，則上

$$式 = 二度數 + \frac{大分 \quad 小分}{章月 / 邿法}$$ 故以之減合朔

度及分，得所求之天正十一月朔夜半月
所在度及分。凡求次月或次日的月行
度，是前曆術同。

求次月度

術曰：小月加度二十二分二千之百五十一，大月加
度三十五分四千八百八十三，分滿日度法從度，
宿次除之，不滿宿者，算次月所在度。

求次日月行度

術曰：加度十三少分二千二百三十二，分滿日度法從
度，宿次除之，逕斗去其分。

求弦望日所在度

術曰：加合朔度七，大分二千三百一十八，小分五千二
百九十八，微分微分 (疑術微分二字) 滿四從小分，小分滿
章月從大分，大分滿日度法從度，命如上，則上弦
日所在度，又加得望下弦月合朔。

本曆求弦望日所在度，与景初曆術同。

惟实际计祘，稍有差异。本曆度法等於蔀法 6060，故计祘时，将数值的日法分，改为蔀法分，即收一月日数

$$29\frac{39769}{74952} = 28\frac{114721}{74952}$$

将此式的分数，從日法分改成蔀法分，作比例式，

日法：114721＝蔀法：X

$$X = 6060\frac{114721}{74952} = \frac{505 \times 114721}{6246}$$

此式加入 2，以 4 除之，即得上弦日夜半日而在变为

$$7\frac{2378\dfrac{5298\frac{4}{6246}}{6060}\text{小分 }\frac{\text{繊分}}{4}}{}$$

$$=7 + \frac{\text{大分} \quad \dfrac{\text{小分}}{\text{竈月}}}{\text{蔀法}}$$

斗二十六度　　　牛八度　　　　女十二度
虚十度　　　　　危十七度　　　室十六度
壁九度

　　　北方元武七宿九十八度一千四百七十七分

奎十六度　　　婁十二度　　　胃十四度
昴十一度　　　毕十六度　　　觜二度

参九度

    西方白虎七宿八十度

井三十三度   鬼四度   柳十五度

星七度   張十八度   翼十八度

軫十七度

    南方朱雀七宿一百一十二度

角十二度   亢九度   氐十五度

房五度   心五度   尾十八度

箕十一度

    東方蒼龍七宿七十五度

周天三百六十五度六千六十分度之一千四百七十七，通分得二百二十一萬三千七百七十七，各曰周天分。

二十八宿赤道度，可参玖景初曆。

    推五行没滅易卦氣候上朔術第之

推五行用事日，水火木金土各王七十三日。小餘二百九十五，小分九，微分三。春木夏火秋金冬水，四立，即其用事始。求土者，置立春大小餘及分，以木王七十三日，小餘二百九十五，小分九，微分三，加之。微分満五，從小分一，小分満氣法二十四，從小餘一。小餘満蔀法從大餘一，大餘満六十去之。命以紀，得季春土

233

王日。又加土王十八日，小餘一千五百八十八，小分二十，微分二，渦從命如上，即得立夏日。求次如法。又一法，求土王用事日，各置四立大小餘及分，各減大餘十八，小餘一千五百八十八，小分二十，微分二，命以紀算外，即四立土王日。若大餘不足減者，加六十而後減之，小餘不足減者，減取大餘一，加蔀法乃減之。

渦從命如上，是說：若小餘小分寺滿分母時，則小餘應從大餘一，小分應從小餘一，如上命之。求次如法，是說：以求其次立秋日，則如上法。

推沒滅

術曰：因冬至積沒有小餘者，加積一，以沒分乘之，如沒法而一，為積日，不盡為沒餘，以大旬去積日，餘為沒日，命以紀算外，即所求年天正十一月冬至後沒日。

先求沒分和沒法兩法數。

一紀的日數為 22 133 770，一紀的餘數為 317 770，去貸最大公約數 10。尚者稱為沒分，後者稱為沒法。以沒法除沒分，得 69 日，及剩餘 20 764。

求所就在天正十一月冬至後沒日及次沒，

与景初曆術同。

又一法。将没日的没餘分，改成蔀餘分，

$$31777 : 没餘 = 6060 : x$$

$$x = \frac{20764 \times 6060}{71777}$$

$$即 \frac{3959\frac{24697}{71777}}{31777} = 没餘$$

乃由冬至去朔日加没日。冬至小餘，比满蔀法，则进没日一，命从天正十一月起，除去曆月的大或小，而得入月餘，令以朔算外，得冬至后没日。如求次没，由上述计算，加入

$$69日\frac{3959\frac{24697}{71777}}{6060} ，令起前没，即后没日及餘。$$

求次没

術曰：加没日六十九，没餘二萬七百之十四。没餘满没法三萬一千七百七从没日一，没日满之十去之。命以纪祘外，即次没日。一歲常有五没或之没。小餘盡者為减日，又以冬至去朔日加没日。冬至小餘满蔀法从没日，命日起天正十一月如曆月大小除之，不足除者，入月算。命以朔算外，即

冬至後沒日，求次沒加沒没日文十九 _{疑為加}

十九_{一沒字}。沒餘三千九百五十九，没分二萬 ^{沒日六}

四千之百九十七，分淌没法從没，餘淌郭從

沒日，命起前没。凡厤日大小除之，即後沒

日及餘。

為四正卦

術曰：因冬至大小餘，即坎卦用事日，春分節

震卦用事日，夏至即離卦用事日，秋分即兒卦

用事日。

四正卦就是坎、震、離、兒．冬至開始

即坎卦用事日开始，故冬至大小餘，即坎卦

用事日的大小餘。其次春分、夏至、秋分，順

次為震卦，離卦、兒卦用事日。

求中孚卦

加冬至小餘五千五百三十，小分九，微分一．微

分淌五從小分，小分淌氣法從小餘，小餘淌

蔀法從大餘，命以紀算外，即中孚卦用事日.

其解加震威加離賁加兒 亦如中孚加坎。

冬至小餘，就是坎用事的小餘。中孚用事，

在坎卦之次．如景初厤術，把坎卦小餘

八十分日之七十三，改如 $\dfrac{小餘 \frac{小分 \frac{微分}{五}}{氣法}}{蔀法}$ 形式。

$$因\ 5\times24=120,\quad \frac{73}{80}=\frac{x}{6060\times120}$$

$$x=\frac{606\times120\times73}{8}=606\times15\times73$$

$$故\quad \frac{\dfrac{x}{120}}{郭佫}=\frac{5529\frac{1\frac{1}{5}}{24}}{6060}$$ 加入后,令以计称外,即中孚用事日。

震后为解卦,離后为咸卦,兑后为賁卦,坎..... 坎后为中孚卦。

求次卦

加坎大餘又,小餘五百二十九,小分十四,微分四,微分满五从小分,小分满氣法从小餘,小餘满蔀法从大餘,命以纪算外,即復卦用事日。大壮加震姤加離觀加兑如中孚加坎。

十一月未济、蹇、頤、中孚、復,十二月屯、谦、睽、升、临,正月小过、蒙、益、漸、泰,二月需、随、晋、解、大壮,三月讼、豫、蛊、革、夬,四月旅、師、比、小畜、乾,五月大有、家人、井、咸、姤,六月鼎、豐、涣、履、遯,七月恒、節、同人、損、否,八月巽、萃、大畜、賁、觀,九月歸妹、无妄、明夷、困、剥,十月艮、既济、噬嗑、大过、坤。

四正为方伯,中孚为三公,復为天子,屯为诸侯,谦为大夫,睽为九卿,升還从三公,周而復始。

237

九三應上九，清淨微溫陽風，九三應上之，絲未決溫陰雨，之三應上之，白濁微寒陰雨，之三應上九，鞠塵決寒陽風，諸卦上有陽爻者陽風，上有陰爻者陰雨。

次卦即復卦。將 $6\frac{7}{80}$，加入坎卦用事日，並依前法，改 $\frac{7}{80}$ 為

$$527\frac{14\frac{4}{5}}{24}$$
$$6060$$

然后加入，得復卦用事日。但实际计际，稍有不合，不晓其故？震次为大壮，离次为姤，兑次为观，而此坎次为中孚。

六十卦的分配，从十一月始。为未济、蹇、颐、中孚、復五卦，五卦中的颐用事，俗 $5日\frac{14}{80}$，和坎用事 $\frac{7}{80}$ 相加，得 $6日\frac{7}{80}$，

其余诸卦，各俗 $6\frac{7}{80}$。春分在二月，夏至在五月，秋分在八月。其内各中气震离兑的相应卦，分配有晋、井、大畜，相应诸卦用事，各俗 $5日\frac{73}{80}$，各和震、离、兑用事 $\frac{73}{80}$ 相加，始和其它各卦 $6日\frac{7}{80}$ 相等。各卦分配顺序，互参玫大衍厯"中节七十二候分配表"各卦次序。

　　四正为方伯……周而後始一节，和大術麻表所述因。

　　又每一卦有六爻，九为陽爻，六为陰爻，九三就是卦中第三爻的陽爻，上九是芽六爻。六三和上六，是苐三芽六爻的陰爻。一卦中的三爻六爻，如遇全陽或全陰，或先陰後陽，或先陽後陰，如術所说：氣发生陽風陰風，微温微寒，決温決寒，及其它現象。

　　　推七十二候

術曰：因冬至大小餘，即虎始交日，加大餘五，小餘四百四十一，小分八，微分一，微分滿三從小分，小分滿氣法從小餘，小餘滿朔從大餘，命以纪算外所候日。

冬至	虎始交	芸始生	荔挺出
小寒	蚯蚓结	麋角解	水泉動
大寒	鴈北向	鵲始巢	雉始雊
立春	雞始乳	東風解凍	蟄虫始振
雨水	魚上冰	獺祭魚	鴻鴈來
驚蟄	始雨水	桃始華	倉庚鳴
春分	鷹化九鳩	元鳥至	雷始發声
清明	虹始見	蟄虫咸動	蟄虫啓户
穀雨	桐始華	田鼠為鴽	虹始見

立夏	萍始生	戴勝降於桑	螻蟈鳴
小滿	虹始蚓出	王瓜生	苦菜秀
芒種	靡草死	小暑至	螳螂生
夏至	鵙始鳴	反舌無声	麋角解
小暑	蟬始鳴	半夏生	木槿榮
大暑	溫風至	蟋蟀居壁	鷹乃學習
立秋	腐草化螢	土潤溽暑	涼風至
處暑	白露降	寒蟬鳴	鷹祭鳥
白露	天地始肅	暴風至	鴻雁來
秋分	元鳥歸	群鳥養羞	雷始收声
寒露	蟄虫附戶	殺氣浸盛	陽氣始衰
霜降	水始涸	鴻鴈來賓	雀入大水化為蛤
立冬	菊有黃華	豺祭獸	水始冰
小雪	地始凍	雉入大水化為蜃	虹藏不見
大雪	冰始壯	地始坼	鵑旦不鳴

術曰:因冬至虎始交,後五日一候。

将一歲 $360\frac{31777}{6060}$,以 72 候除之.得 $5日441\frac{8\frac{1}{24}}{6060}$,命以計祿外,即所候日數。

七十二候項目,本歷与大衍歷同,惟大衍歷冬至以蚯蚓結始,此則以虎始交起矣。

推上朔法 朔下疑脱日字

置入紀年減一加八，以元律乘之，以元千去之，餘爲大餘，以甲子算外上朔日。

所谓上朔日，清代時憲书，始盛载之。是一種迷信風俗，选擇家憑以推祘。法置入紀以来年祘外，加八，以元律乘之，乘得后彙去元千的若干倍。剩餘命爲大餘。大餘奇以甲子祘外，即上朔日。

推五星之通術第七

上元壬子以来，至春秋隱公元年己未，積十六萬元千五百七算外，至今大魏正平二年歲次丁酉，積十六萬七千七百四十五算外。

木精曰歲星，其數二百四十一萬元千元百六十。

火精曰熒惑星 星字疑衍，其數四百七十二萬五千八百四十八。

土精曰鎮星，其數三百二十九萬一千二十一。

金精曰太白，其數三百五十三萬八千一百三十一。

水精曰辰星，其數七十萬二千一百八十二。

星數以歲星爲例：以度法即周法 6060，除歲星數 2416660，得 $398日\dfrac{4780}{6060}$，即以所祘爲一合終日數。其餘の星仿此、

241

推五星

置上元以來盡所求年,減一,以周天二百二十一萬三千三百七十七乘之,各爲太通之實,以蔀法除之,所得爲冬至積日,不盡爲小餘,以文旬去積日,不盡爲大餘,命以甲子算外,即冬至日,以章歲五百五除冬至小餘,所得命子算外,即律氣加時。

五星各以其數爲法,除之通實,所得爲積合,不盡爲合餘,以合餘減法餘爲入歲度分,以日度約之,所得即所求天正十一月冬至後晨夕合度算及餘,其金水以一合日數及合餘,減合度算及餘,得一者爲夕見,無所得爲晨見,若度餘不足減,減合度算一加日度法乃減之,命起牛前十二度,宿次除之,不滿宿者算外,即天正十一月冬至後晨夕合度及餘。

以一歲日數的蔀法,分 2213377,以乘上元以來至前一年冬至的年數,所得爲上元至年前冬至的積日分。本麻稱爲"太通之實"以蔀法除之,得積日 + 不盡數/蔀法,復去六十倍數的積日,即得大餘 + 不盡數/蔀法,不盡數就是冬至小餘。

$$冬至小餘 \over 5050 \times 12 = {冬至小餘 \over 章歲} \over 12 \quad 稱爲律氣加時$$

五星各數为一個合終日數的筭法分。之通
实为自上元以来積日的筭法分，故

$$\frac{\text{六亶实}}{\text{五星各數}} = \text{積合} + \frac{\text{合餘}}{\text{五星各數}}$$

$$\frac{\text{五星各項} - \text{合餘}}{\text{度法（即筭法）}} = \text{天正十一月冬至后晨夕}$$
$$\text{合度祚}，$$

五星各數一合餘，为入觜度分。

其左金水二星，因有晨見夕見，故若以一合
日數及餘去减合度祚及餘得一數者为夕見，
無所得者为晨見。若以餘减餘，减數大於被
减數，則先减去合度祚一，以之化为度法而
减之。命起牛前十二度，即斗十五度，並往斗
去其分，至不滿一宿時祚外，即得天正十一月
冬至后晨夕合度及度餘。

　　求星合月及日

置冬至朔日數减一，以加合度筭，以冬至小餘
加度餘，度餘滿日度法去之，加度一合度筭，
爰成合日筭餘为日餘，命起天正十一月如
厤月大小除之，不滿月者筭外，星合月及
日，有闰计之。

　　求後合月及日

以合終日數及餘，如前入月筭及餘，餘

满日度從日, 厤月大小除之, 起前合月筭外,
即後合月及日, 其金水以一合日數及餘, 加
晨得夕, 加夕得晨。

求後合度

以行星度及餘, 加前合度筭及餘, 餘满
日度從度, 命起前合度宿次除之, 不满
宿者筭外, 即後合度及餘, 逕斗去其分一
千四百七十七。

以冬至去經朔日減去一筭, (即冬至这一日不
筭在內) 加入冬至后合度筭, 再以冬至小餘加
合度筭的度餘。如兩加度餘大於度法, 則棄
去之, 而於合度筭內加入一度, 并怡合度
计改成合日筭及日餘, (因日每日行一度) 從
天正十一月起, 除去其厤大小, 至不满一月,
筭外, 即得星合所在月及日。其閏如逢閏
月六一样併计筭入內。

在星合月及日內, 加入合終日數及略,
便得其次星合所在月及日, 即後合月及日,
日餘以蔀法为分母。從前条计筭, 得后
合月及日。餘与景初厤同。

於后合度及餘, 加於前合度筭及餘,
得后合所在宿度, 餘以度法为分母。命從

前合度起，逐合宿次，至不满一宿时，称外，始得所求后合度及餘，並須斗去斗分 1477。

歲星合終日數三百九十八，合終日餘四千七百八十，行星三十三度，度餘三千三百三，周虚一千二百八十。

歲星合終日數及合餘的求出法已見前。其一合的行星度為 33°，度餘為 3303，又蔀法 6060 - 歲星合終日餘 4780 = 1280 二周虚。其它の星，同样说明。

歲星晨与日合，在日後伏十六日餘二千三百九十，行星二度餘四千六百八十一半，去日十三度半，晨見東方，順疾日行五十七分之十一，五十七日行十一度，順遲日行九分，五十七日行九度而留不行，二十七日而旋，逆日行七分之一，八十四日退十三度，復留二十七日，復順遲日行九分，五十七日行九度，復疾，日行十一分，五十七日行十一度，在日前夕伏西方，順遲十六日，日餘二千三百九十，行星二度餘四千六百八十一半，与日合，凡一見三百六十六日，行星二十八度，在日前後伏三十二日餘四千七百八，行星五度度餘三千三百三，復終於晨見。

五星推步，与景初曆同術。

八十四日退十三度，十三度計標驗之，
当作十二度。

熒惑合終日數七百七十九，合終日餘五千一十八。
周虛九百五十二，行星四十九度，度餘三千一百五十
四。

熒惑晨与日合，在日後，伏七十一日餘五千五百
八十四，行星五十五度餘四千八百四十五半，去
日十之度，晨見東方，順疾日行二十三分之十四，
一百八十四日行一百一十二度，順遲日行二十三
分之十二，九十二日行四十八度，而当不行。十
一日而旋，逆日行之十二分之十七，六十二日退
十度，復当十一日，復順疾日行十四分，一百八
十四日行一百一十二度，在日前，夕伏西方，順七
十一日餘五千五百八十四，行星五十五度，度餘
四千八百四十五半，而与日合。凡一見六百三十六
日，行星三百三度，在日前，後伏一百四十三日
餘五千一百八，行星一百一十一度餘三千六百四
十一，過周四十九度，度餘二千一百五十四，
復終於晨見。

鎮星合終日數三百七十八，日餘三百四十
一，行星十二度，餘四千九百二十四，周虛五千

七百一十九。

鎮星晨與日合，在日後，伏十八日，日餘一百七十半，行星二度餘二千四百之十二，去日十五度半，晨見東方，順日行十二分之一，八十四日行七度，而留不行，三十六日而旋，逆行十七分之一，一百二日退六度，復留三十六日，復順日行十二分之一，八十四日行七度，在日前，伏西方，順十八日，日餘一百七十半，行星二度餘二千四百之十二而與日合。凡見三百四十二日，行星八度，在日前，後伏三十六日，日餘三百四十一，行星四度，度餘四千九百二十四，復終於晨見。

太白金再合終日數五百八十三日，日餘五千一百五十一，周虛九百九，行星二百九十度度餘五千六百五半求日餘合日餘晨術金字

太白晨與日合，在日後，伏六日退四度，去日十度，晨見東方，逆日行三分之二，九日退六度，留不行，八日順遲日行十五分之十一，四十五日行三十三度，順疾日行一度十三分之二，九十一日行一百五度，太疾日行一度十三分之三，九十一日行一百一十二度，在日後，晨伏東方，順四十一日餘五千六百五半，行星五十一度，度餘五千·

六百五半，而与日合。凡見東方二百四十四日，行
星二百四十度，在日後，伏四十一日餘五千之百
五半，行星五十一度，餘五千之百五半，而与日合，
見西方亦如之。夕与日合。在前伏，四十一日餘五千之百
五半，行星五十一度，餘三千之百五半，去日十
度，夕見西方，順疾日行一度十二分之三，九十
一日行一百一十二度，順遲日行一度十三分之二，
九十一日行一百五度，順遲日行十五分之十一，
四十五日行三十三度，而留不行，八日而旋，
逆日行三分之二，九日退六度，在日前，夕伏
西方，六日退四度，而与日合。凡再見四百八
十日，行星四百八十度，在日前，後伏八十三
日餘五千一百五十一，行星一百三度，度餘
五千一百五十一，過周二百一十八度，度餘三千
六百七十四，復終於晨見。

水星辰星再合終日數一百一十五餘五千二百
八十二，行星五十七度合日數餘五千之百七十
一亦日餘，周虛七百七十八。

辰星与日合，在日後，伏十一日，退六度，去
日十七度，晨見東方，而留不行，四日，順遲
日行七分之五，七日行五度，順疾日行一度
三分之一，十八日行二十四度，在日後，晨伏

東方,順十七日,餘五千六百七十一,行星四十四度,餘五千六百六十一,而与日合。凡見東方,二十九日,行星二十二度,在日後,伏二十八日,餘五千六百七十一,行星三十四度餘五千六百七十一,而与日合,見西方,亦然。

辰數夕与日合,在日前,伏十七日餘五千六百七十一,行星三十四度,餘五千六百七十一,去日十七度,夕見西方,順疾日行一度三分之一,十八日行二十四度,順運日行七分之五,七日行五度,而留,四日在日前,夕伏西方,逆十一日,退六度,而晨与日合。凡再見五十八日,行星四十六度,在日前,後伏五十七日餘五千二百八十二,行星六十九度餘五千二百八十二,復終於晨見。

斗一至牛五,星紀丑。
牛五至危五,元枵子。
危五至壁三,娵訾亥。
壁三至婁八,降婁戌。
婁八至畢二,大梁酉。
畢二至井五,實沈申。
井五至鬼三,鶉首未。
鬼三至張七,鶉火午。
張七至軫一,鶉尾巳。

軫一至亢三，壽星辰。

亢三至心四，大火卯。

心四至斗一，析木寅。

天上十二次是：星紀、玄枵、娵訾、降婁、大梁、實沈、鶉首、鶉火、鶉尾、壽星、大火、析木。順序是東向。地上十二辰，是：子、丑、寅、卯、辰、巳、午、未、申、酉、戌、亥。順序是西向。將周天365° 及斗分 1477，自北方玄武斗宿一度開始至牛宿五度，分配於星紀及丑；自牛宿五度至危宿五度分配於玄枵及子。分配次序，十二次為順，十二辰為逆。可參攷宋黃裳天文圖。

甲子元曆法　即興和曆

上元甲子以來，至春秋魯隱公元年，歲在己未，積二十九萬二千七百三十六算上。

甲子之歲，入甲戌紀己來，積十二萬四千一百三十六算上。

上元甲子以來，至大魏興和二年，歲在庚申，積二十九萬三千九百九十七算上。

甲子之歲，入甲戌紀，至今庚申，積十二萬五千三百九十七算上。

　　算上意義，就是說：所求年一併示入。

例如：首條 上元甲子以來，至春秋魯隱公元年，積 292736。以 60 除之，剩餘 56，這為甲子至己未日數。

元法一百一萬一千之百　　　　三統之數

統法三十三萬七千二百　　　　三統之數

紀法十六萬八千六百千　　　　蔀戌紀　千蔀是十

蔀法一萬六千八百六十　　數至十　　蔀之誤。

　　三十乘章歲，得日月餘皆盡之年數。

度法一萬六千八百六十

　　三十乘章歲，得此數。

日法二十萬八千五百三十。

　　三十乘章月，得此數。

氣時法一千四百五

　　小二分度法，得一時之數。**小二分为十二分之误。**

章歲五百之十二

　　二十九章，十一年減閏餘二萬一百七十八

　　年減右一閏月。

章閏二百七

　　五百之十二年之閏月數。

章月之千九百五十一

　　五百之十二年之月數并閏。

章中之千七百四十四

　　五百之十二年月除閏月數。

周天之百一十五萬八千一十七

　　度法通度內斗分之數。

通數之百一十五萬八千一十七

　　日法通二十九日內徑月餘之數

沒分之百一十五萬八千一十七

　　餘數通徑沒之十九內分五萬七千一

　　百八十四得此數

餘數八萬八千四百一十七

　　度法通一年五內斗分之數

沒法八萬八千四百一十七

　　一年之同成甲之外分數。

　　成甲之外为承用之外之误。承用之外，就是一年之内，二十四节气每一节气，承用十五日。所谓分数，在承用之外。

斗分四千一百一十七

　　從斗量周天至此不成度之分

虚分九萬七千八百八十三

　　經月二十九日外少此不滿三十日

小分法二十四

　　二十四氣除周天分之數也

歲中十二

　　十二月之中氣

会數一百七十三

　　月一出一入，黄道之日數，周髀之 **周髀大疑为五月之**
误二十三分月之二十也。

会餘七萬七千一百一十七

　　百七十二日外不成日之分

会通三千之百一十四萬二千八百七

　　以日法通百七十二内会餘之數

會虚十四萬一千四百一十三

　　会餘之外不成度之數

周日二十七

　　周天用日月行數

253

周餘十一萬五千二百三十一

　　周天用日外及本處

通周五百七十四萬五千九百四十一

　　日法通二十七內分

周虛九萬二千八百九十九

　　用餘外不成日之數

小周七千五百一十三

　　月一日行之數

月周二十二萬五千三百九十

　　通小周內度數

朔望合數十四

　　半徑月日數

度餘十五萬九千五百八十八半

　　半徑月日餘

入交限數一百五十八度

　　月出入黃道減半月之數

度餘十一萬二千五十八度

　　減半月小餘之數

推月朔弦望第一

　　推積月

術曰：置入紀以來，盡所求年，減一，以
章月乘之，章歲如一，所得為積月，不

盡為閏餘，閏餘三百五十五以上，其年有閏，
餘五百一十五以上，進退，在天正十一月前後，
以冬至定之。

推積日

術曰：以通數乘積月為朔積分，日法如一，
為積日，不盡為小餘，以六旬去積日，不盡為大
餘，命大餘以紀　甲戌紀　算外，即所求年天正
十一月朔日。

求次月朔

術曰：加大餘二十九，小餘十一萬六百四十七，
滿陳如上，命以紀算外，即次月朔日，其小餘
滿虛分九萬七千八百八十三者，其月大，減者其
月小。

求上下弦望

術曰：加朔大餘七，小餘七萬九千七百九十四，
小分一，小分滿四從小餘，小餘滿日法從大
餘，大餘滿六十去之，命以紀算，即上弦日，
又加得望、下弦、後月朔。

推二十四氣閏術第二

推二十四氣

術曰：置入紀以來，盡所求年，減一，以餘數
乘之，蔀法如一，為積沒，不盡為小餘，以

六旬去積沒，不盡為大餘，命以紀算外，即
所求年天正十一月冬至日。

　　求次氣術

術曰：加大餘十五，小餘三千六百八十四，小
分一，小分滿小分法二十四從小餘，小餘
滿蔀法從大餘，一，命如上算，即次氣日。

　　推閏

術曰：以閏餘減章歲，餘以歲中十二乘之，
滿章閏二百七得一月，餘半法以上，亦得一月，
數起天正十一月算外，即閏月，閏月有進，即
以無中氣定之。

以上可考改景初曆及正光曆。

　　推閏又法

術曰：以歲中乘閏餘，加章閏得一，盈章中六
千七百四十四，數起冬至算外，中氣終閏月也。
盈中氣在朔，若二日即兩月閏。

冬至　十一月中

小寒　十二月節

大寒　十二月中

立春　正月節

雨水　正月中

驚蟄　二月節

春分 二月中
清明 三月節
穀雨 三月中
立夏 四月節
小滿 四月中
芒種 五月節
夏至 五月中
小暑 六月節
大暑 六月中
立秋 七月節
處暑 七月中
白露 八月節
秋分 八月中
寒露 九月節
霜降 九月中
立冬 十月節
小雪 十月中
大雪 十一月節

所祢得冬至閏餘為 $\dfrac{閏餘}{章歲}$

一年的閏分為 章閏

以十二除 $\dfrac{章閏}{章歲}$ 之，即得

$\dfrac{閏餘}{章歲} / \dfrac{章閏}{12×章歲} = \dfrac{12×閏餘}{章閏}$

所謂瀾章閏得一月，由 $\dfrac{章中}{章閏}$ 推知前閏月和後閏月間相距的月數 及餘。若以又閏餘微大於章中，則閏在前月。所謂："盈中氣在朔"。若二日者是。若小於章中，則閏應推後若干月，數起冬至祈外，其中氣稜至月終，而得閏月。至於二十四中節氣，分配於十二月，一目暸然。

推合朔却去度表裏術第三

推合朔却去交度

術曰：置入紀以來朔積分，又以所入紀交會差分并之。

甲戌紀交會差分二千六百五十二萬二千六百四十九

以會通去之，所得為積交，不盡者以日法約之，為度，不盡者為度餘，即所求天正十一月朔却去交度及度餘。

甲子紀	紀首合朔 月合璧	日道 合	朔 交	日 中	月		
甲戌紀	紀首合朔 在日道	朔 表	月	交會差一百二十七度			
度餘三萬九千三百四十九							
甲申紀	紀首合朔 在日道	朔 裏	月	交會差八十一度			
度餘一萬一千五百六十一							

甲午纪 纪首合朔月 交會差三十四度
　　　在日道裏
度餘，十九萬二千三百一十三
甲辰纪 纪首合朔月 交會差一百六十二度
　　　在日道裏
度餘二萬三千一百二十二
甲寅纪 纪首合朔月 交會差一百一十五度
　　　在日道
度餘二 十萬三千八百七十四

　　推合朔却去交度及甲子六纪交会差可参攷
景初、正光两曆。

　　　求次月却去交度
術曰：加度二十九，度餘十萬六百四十七，度餘
满日法從度，度满会數去之，亦除其會餘，
即次月却去交度及度餘。

　　　求次月下疑脱朔字。

　　求次月朔却去交度，在本月朔却去交度内，
加一朔望月的日行度數及餘，即 29° 及度餘
110647，即得次月朔却去交度。度餘以日
法为分母。

　　　求望却去交度
術曰：加度十四，度餘十五萬九千五百八十八半，
满除，如上，即望却去交度及度餘。

　　求望却去交度，加半個月的日行度數，
即加 14° 及度餘 1595885，即得所求。

推月在日道表裏

術曰：置入紀以來朔積分，又以紀交會差分并之，倍會通去之，餘以會通減之，得一減者為月在日道裏，無所得者為月在日道表。

求次月表裏

術曰：加次月度及度餘，加表滿會數及會數餘則在裏，加裏滿會數及會餘則在表。

推交道所在日

術曰：以十一月朔郤去交度及餘，減會數及會餘，會餘若不足減者，減一度加日法乃減之，又以十一月朔小餘加之，滿日法從度餘為度餘，即是天正十一月朔前去交度及餘，如曆月大小除之，起天正月十一月，不滿月者為入月算外交道所在日，又以歲中乘入月小餘日法除之，所得命以子算即交道所在辰，其交在望前者，其月朔則交道，望則月蝕，交在望後者，其月月蝕，後朔交會交正在望者，其月月蝕既，前後朔交會，交正朔者日蝕既，前後月望皆月蝕。

求後交月及日

術曰：以會數及會餘，加前入月算及餘，

餘溯日法從日，日如曆月大小陳之，起前交
月算外，即後交月及日，以次放之。

推交會起角

術曰：其月在外道，先會後交者，虧從東南
角起；先交後會者，虧從西南角起；其月
在內道，先會後交者，虧從西北角起，合交
中者蝕之，既，其月蝕在日之衝，起角亦
如之。

以上參攷景初、正光兩曆的解釋。

推蝕分多少

術曰：其朔望去交度及度餘，如入交限數
一百五十八度，度餘十一萬之千五十八半，以
上者，以減會數及會數餘，餘為不蝕度，
若朔望去交度如朔望合數十四度度餘
十五萬九千五百八十八半以下者，即是不
蝕度，皆以減十五餘為餘蝕分，朔
望去交度盡者，蝕之既。

推蝕分多少，景初曆首先規定日月交
食限，為去交 15° 許，以後曆家都沿用
之，至本曆而臻於詳備。

興和曆定半個交点月相距為
$173°\dfrac{67117}{208530}$，

由此減去 15°，得 158° 有餘。即術文所
謂：朔望去度及度餘，如小於入交限數
的度數及度餘，以之去減会數与会餘，
減得后餘數在 15° 以上，称为不蝕度；
若去交度在朔望会數的度數及度餘以
下，称为不餘度。從 15°，減去不蝕
度或不餘度，艾減餘称为餘蝕分。若朔
望去交度为零，則得食既現象。

推合朔月蝕入遲疾曆盈缩術第四
推合朔入遲疾曆

術曰：置入紀以來朔積分，又以入紀遲疾差
分并之，

甲戌紀遲差分二千三十五萬三千一百九十一。
以通周去之，所得日餘周 疑为所得为積周之误。不盡者
以日法約之，为日，不盡者 为日餘，
命日算外，即所求年天正十一月合朔入曆日。

求次月入曆日
術曰：加一日日餘二十萬三千五百四十六，日蝕
满 日從日法 疑为日餘满日法從日之误。日满
周日及周餘去之，命如上算外，即次月入
曆日。

求望入曆

術曰：加日十四，日餘十五萬九千五百八十八半，
消除如上算外，即望入曆。
　　參玖景初曆推合朔交會月蝕入曆疾曆
及求次月兩術。

日月行歷疾度 及合	合疑為分之誤	損益率
盈縮并率		盈縮積分
一日十四度四百二分		益七百五十七
盈初		
二日十四度三百三十四分		益六百八十九
盈七百五十		盈積分二萬一千一十一
三日十四度二百四十六十一分		益六百一十七
盈一千四百三十六		盈積分四萬一百三十五
四日十四度一百九十分		益五百四十五
盈二千六十二		盈積分五萬七千二百三十二
五日十四度一百一十一分		益四百六十六
盈二千六百七		盈積分七萬二千三百六十
六日十三度五百十三分		益二百一十五
盈三千七十三		盈積分八萬五千二百九十四
七日十三度二百九十十六分		益八十九
盈三千三百八十八		盈積分九萬四千三十七
八日十三度六十八分		損一百三十九
盈三千四百七十七		盈積分九萬六千五百七

九日十二度〔四百八十六分〕	損二百八十三
盈三千三百三十八	盈積分九萬二千六百四十九
十日十二度〔三百七十九分〕	損三百九十
盈三千五十五	盈積分八萬四千七百九十四
十一日十二度〔三百六十七分〕	損五百二
盈二千六百六十五	盈積分七萬三千九百六十九
十二日十二度〔二百五十一分〕	損六百一十八
盈二千一百六十三	盈積分六萬三十六
十三日十二度〔四十分〕	損七百二十九
盈一千五百四十五	盈積分四萬二千四八百八十三
十四日十一度〔五百一十五分〕	損八百一十六
盈八百一十六	盈積分二萬二千六百四十九
十五日十二度〔六分〕	益七百三十一
縮初	
十六日十二度〔一百二十三分〕	益六百三十六
縮七百三十一	縮積分二萬二百九十
十七日十二度〔三百一十二分〕	益五百五十八
縮一千三百七十七	縮積分三萬八千二百二十
十八日〔二百三十四分〕	益四百四十五
縮一千九百三十五	縮積分五萬三千七百
十九日十二度〔四百三十五度分〕	益三百三十四
縮二千七百一十四	縮積分七萬五千三百六十九

二十日十二度五十五分	益二百一十四
縮二千七百一十四	縮積分七萬五千三百二十九
二十一日十三度一百八十三分	益七十九
縮二千九百二十八	縮積分八萬一千二百六十九
二十二日十二度二百七十分	損六十三
縮三千七	縮積分八萬三千四百六十四
二十三日十三度四百三十二分	損二百二十五
縮二千九百四十四	縮積分八萬一千七百一十三
二十四日十四度三十六分	損三百八十八
縮二千七百一十九	縮積分七萬五千四百六十八
二十五日十四度一百九十四分	損五百四十九
縮二千三百三十一	縮積分六萬四千六百九十九
二十六日十四度三百一十九分	損六百七十四
縮一千七百八十二	縮積分四萬九千四百六十一
二十七日十四度三百三十六分	損七百一
縮一千一百八	縮積分三萬七千五百五十四
周日十四度三百七十九分	損七百三十四
縮四百七	縮積分一萬一千二百九十七

　　日月行盈疾度　損益率　盈縮率　盈縮積分四項，和正光曆曆疾表同。

　　日月行盈疾度表示逐日月行的盈疾度。例如：一日下14°，以章歲逼之，得7868，以度下分 402 加之，得 827°，以之和月的平行章歲分，即小周相較，多 757，即為益率。其它損率仿此。

$$\frac{盈縮積分}{盈縮衰率} = \frac{日法}{小周}$$

周日月躔的日法分，為 115631，相當損率為 407，由比例式：

$$115631 : 407 = 208530 : x$$

$$x = 733.98 \cdots = 734$$

推合朔交会月蝕定大小蝕

術曰：以入曆日餘，乘所入曆下損益率，以小周七千五百一十三除之，所得損益盈縮積分為定積分，積分盛者（積分盛者疑為盈者之誤）以減本朔望小餘，縮者加之，加之滿日法者，交会加時在後日，減之不足減者，減一日，加日法乃減之，交会加時在前月蝕者，隨定大小蝕餘為定日加時。

推加時

術曰：以歲中乘定小餘，日法除之，所得命以子算外，朔望加時，有餘不盡者，四之，如法得一為少，二為半，三為太半，又有餘者三之，如法得一為強，半法以上排成一，不滿半法棄之，以彊并少為少彊，并半為半彊，并太為太彊，得二彊者為少弱，以之并少為半弱，以之并太半為太弱，以之并太為一辰弱，隨所在辰而命之，即其彊弱，日之徑行為破，月常在破下蝕。

推日月合朔弦望度第五

推日度

術曰：置入紀以來朔積日，以日度法一萬六千八百六十乘之，滿周天去之，餘以日度法約之，為度餘，命起牛前十二度宿次除之，不滿宿度者算外，即所求年天正十一月朔夜半日所在度及分。

推日度又法

術曰：置周天三百六十五度，斗分四千一百一十七，以冬至去朔日數減一，以減周天度，冬至小餘減斗分，斗分不足減者，減一度，加日度法乃減之，命起如上算外，即所求年天正十一月朔夜半日所在度及分。

求日次月次日所在度

術曰：月大者加度三十，月小者加度二十九，次日者加度一宿次除之，逕斗除其分。

推合朔日月共度

術曰：以章歲五百六十二乘朔小餘，以章月之千九百五十一除之，所得爲大分，不盡爲小分，以加夜半日度分，分滿日度法從度，命如上算外，即所求年天正十一月合朔日月共度。

推合朔日月共度又法

推下疑脫次月二字。

術曰：加度二十九，大分八千九百四十五，小分六千九百一十九，小分滿章月從大分，大分滿日度法從度，宿次除之，逕斗去其分，算外，即次月合朔日月共度。

推月度

術曰：置入紀以來朔積日，以周二十二萬五千三百九十乘之，滿周天去之，餘以日度法約之，爲度餘爲度分，命起牛前十二度宿次除之，不滿宿者算外，即所求年天正十一月朔夜半月所在度及分。

推月度又法

術曰：以小周乘朔小餘爲實，章歲乘日法爲法，實如法得一爲度，不滿法者以章月除之，爲大分，餘爲小分，所得以減合朔度及度分算外，即所求年天正十一月朔夜半月所在度及分。

求月次月度

術曰：加度十三分之千二百一十，分滿日度法從度，除如上算外，即月次日所在度。

　　求弦望日所在度

術曰：加合朔度七，大分之千四百五十一，小分三千四百之十一，微分二，微分滿四從小分，小分滿章月從大分，大分滿日度法從度，命如上算外，即上弦日所在度，又加得望下弦後月合朔。

　　求弦望月所在度

術曰：加合朔度九十八，大分一萬一千之百九十五，小分五千二百二十五，微分一，滿除如上算外，即上弦日月所在度，又加得望下弦後月合朔。

斗二十六度	牛八度	女十二度
虛十度	危十七度	室十六度
壁九度		

　　北方元武七宿九十八度 　分四千一十七

奎十六度	婁十二度	胃十四度
昴十一度	畢十六度	觜二度
參九度		

　　西方白虎七宿八十度

| 井三十三度 | 鬼四度 | 柳十五度 |

星七度　　　張十八度　　　翼十八度
軫十七度
　　　南方朱雀七宿一百一十二度
角十二度　　　亢九度　　　氐十五度
房五度　　　心五度　　　尾十八度
箕十一度
　　　東方蒼龍七宿七十五度
周天三百六十五度一萬六千八百六十分度之
四千一百一十七通之，得六百一十五萬八千
一十七，名曰周天。

上弦和合朔相距日數，等於

$$\frac{通數}{4×日法}=\frac{1539503本}{208530}$$

月球每日平行為 $\frac{7513}{562}$ ，兩分數相乘，

得月行自合朔後，至上弦所行度數及度餘。

兩分母　日法×章歲＝度法×章月，得

$$98°\frac{大分\frac{小分本}{章月}}{度法}$$ ，以之加入合朔時月
　　　　　　所在度，即得上弦
　　　　　　的月度，復將整數

加繁分数，逐次加入，便得望及下弦奇。

二十八宿赤道度。本曆和正光曆同。

周天的度法分为 6158017。

推土王灭没卦候上朔术第文

推土王日

术曰：置四立大小馀各减其大馀十八，小馀四千四百二十，小分十八，微分二，大馀不足减者加文十乃减之，小馀不足减者减一日加蔀法乃减之，小分不足减者减小馀，加小分法二十四乃减之，微分不足减者减小分一加五然後皆减之，命以纪算外，即四立前土王日。

将一岁 $365\frac{4117}{16860}$，五均分之，得

$73\frac{823\frac{5}{5}}{16860}$ 为土王用事日。将用事日，後坡

四季均分，得 $18日\frac{442 \cdot \frac{18\frac{5}{5}}{24}}{16860}$，以之

减四立大小馀，命以计筹外，即四立前土王日。

推土王又法

术曰：加冬至大馀二十七，小馀六千六百三十一，小分六，微分三，微分满五从小分，小分

滿小分法從小餘，小餘滿蔀法從大餘一，命以紀筭外，即季冬土王日。

將一歲日數，以8除之，得 $45日\frac{11052\frac{8}{18}}{16860}$，為自冬至，至立冬的相距日數。日數內減去 $18日\frac{4420\frac{18}{24}}{16860}$，得 $27日\frac{6631\frac{6}{24}}{16860}$，以之加入冬至大小餘，為18日有奇，即●季冬土王日。

求次季土王日

術曰：加大餘九十一，小餘五千二百四十四，小分之，小分滿小分法從小餘，小餘滿蔀法從大餘，大餘滿六十去之，命以紀筭外，即次季土王日。

一季日數為 $91日\frac{5244\frac{3}{24}}{16860}$，以之加入季冬土王日，得次季土王日。

推滅沒

術曰：因冬至積沒有小餘者，加積沒一以沒分乘之，以沒法八萬八千四百一十七除之，所得為積日，不盡為沒餘，又旬去積日不盡為沒日，命以紀筭外，即所求天正十一月冬至後沒日。

求次滅

術曰：加沒日之十九，沒餘五萬七千二百四十四，沒餘滿沒法從沒日，沒日滿六十去之，命以紀算外，即次沒日餘盡者為滅。

求次沒

術曰：加沒日之十九，沒餘一萬九百一十五，沒分六萬二千二百八十五，沒分滿沒法從沒餘，沒餘滿蔀法從沒日，命起前沒月曆月大小除之，不滿月者即後沒日及沒餘沒分，命曰如上算外，即次沒日。

　　冬至小餘為冬至以前的沒日，距冬至時的積沒分。積沒分滿沒法，得沒日一。今冬至積沒有小餘，棄去小餘，改成積沒一，等於由沒法減去冬至小餘。減餘為冬至以後的積沒分。即：積沒 88417（即沒法）經過 6158017 日（即沒分），今自入紀以來，至所求冬至後的積沒，命之為 x，則

$$x = \frac{沒分 \times 積沒}{沒法} = 積日 + 沒餘所得$$

　　　　　　即為天正十一月冬至后沒日。

如求次沒，先以沒法除沒分，即

$$\frac{6158017}{88417} = 69 日 \frac{57244}{88417} = 69 日 \frac{沒餘}{沒法}，$$

以之加入前所求冬至後沒日，即次沒日。

如沒餘為零，即滅日。如求次滅，改用
朞法為分母，由比例式：

$$88417 : 57244 = 16860 : x$$

$$x = 10915 \frac{62285}{88417}$$

$$\frac{x}{度度} = \frac{10915 \frac{62285}{88417}}{16860}$$

將蝕日數 69，与此繁分數相并後，即得
冬至後沒日的次沒日。

推四正卦

術曰：因冬至大小餘即坎卦用事日，春分即震
卦用事日，夏至即離卦用事日，秋分即兌卦用事
日，中孚因坎卦。

求坎卦

術曰：加坎卦大餘六，小餘一千四百七十三，小分
十四，微分四，微分滿五從小分，小分滿小分
法從小餘，小餘滿朞法從大餘，大餘滿六
十去之，命以紀算外，即復卦用事日。

十一月未济、蹇、頤、中孚、復；

十二月屯、谦、睽、升、臨；

正月小過、蒙、益、漸、泰；

二月需、隨、晉、解、大壯；

三月豫、讼、蛊、革、夬；

四月旅、师、比、小畜、乾；

五月大有、家人、井、咸、姤；

六月鼎、丰、涣、履、遁；

七月恒、节、同人、损、否；

八月巽、萃、大畜、贲、观；

九月归妹、无妄、明夷、困、剥；

十月艮、既济、噬嗑、大过、坤；

四正为方伯，中孚为三公，复为天子，屯为诸侯，谦为大夫，睽为九卿，升还从三公，周而复始。

九三应上九，清净微温阳风；九三应上之，降赤决温阴雨，之三应上之，日泽寒阴雨，之三应上九，颓壓决寒阳风，诸卦上有阳爻者阳风，上有阴爻者阴雨。

　　推七十二候

术曰：因冬至大小馀，即虎始交日，加大馀五，小馀一千二百二十八，微分一，微分法三从小分，小分法从小馀，小馀满部部法从大馀，**疑衍一部字。**大馀满六十去之，命以纪筭外，依次候日。

冬至　虎始交　　芸始生　　　荔挺生

小寒	蚯蚓結	麋角解	水泉動
大寒	鴈北向	鵲始巢	雉始雊
立春	鷄始乳	東風解凍	蟄蟲始振
雨水	魚上負冰	獺祭魚	鴻鴈來
驚蟄	始雨水	桃始華	倉庚鳴
春分	鷹化爲鳩	元鳥至	雷始發声
清明	虹始見	蟄蟲咸動	蟄蟲啟戶
穀雨	桐始華	田鼠化爲鴽	虹始見
立夏	萍始生	戴勝降桑	螻蟈鳴
小滿	蚯蚓出	王瓜生	苦菜秀
芒種	靡草死	小暑至	螳螂生
夏至	鵙始鳴	反舌無声	鹿角解
小暑	蟬始鳴	半夏生	木槿榮
大暑	溫風至	蟋蟀居壁	鷹乃學習
立秋	腐草化爲螢	土潤溽暑	涼風至
處暑	白露降	寒蟬鳴	鷹祭鳥
白露	天地始肅	暴風至	鴻雁來
秋分	元鳥歸	羣鳥養羞	雷始收聲
寒露	蟄蟲附戶	殺氣浸盛	陽氣日衰
霜降	水始涸	鴻鴈來賓	雀入大水化爲蛤
立冬	菊有黃華	豺祭獸	水始冰
小雪	地始凍	雉入大水爲蜃	虹藏不見

大雪　　冰始壯　　地始坼　　　鶡旦鳴
　　推上朔
術曰：置入紀以來，盡所求年，減一以之律乘
之，以之旬去之，不盡者命以甲子算上，即上
朔日。

**推四正卦　求次卦　推七十二候　推上朔
四項大致和正光曆同。**
　　推五星見伏術第七
上元甲子以來，至春秋魯隱公元年，歲在乙未，
積二十九萬二千七百三十之算。
上元甲子以來，至今大魏興和二年，歲在
庚申，積二十九萬三千九百九十七算。
木精曰歲星，其數之百七十二萬二千八百
八十八。
火精曰熒惑，其數一千三百一十四萬九千八
十三。
土精曰鎮星，其數之百三十七萬四千之十一。
金精曰太白，其數九百八十四萬三千八百八
十二。
水精曰辰星，其數一百九十五萬三千七百一
十七。
　　推五星

術曰：置上元以來盡所求年，減一以周天乘之為五星之實，各以其數為法除之，所得為積合，不盡為合餘，以合餘減法餘為入歲度分，以日度法約之，所得即所求年天正十一月冬至後晨夕合度算及度餘。其金水以一合日數及合餘減合度算及度餘得一者為晨，無所得者為夕，若度餘不足減者，減合度算一加日度法乃減之，命起牛前十二度宿次除之，不滿宿者算外，即所求年天正十一月冬至後晨夕合度及度餘。

徑推五星

術曰：置上元以來盡所求年減一如法算之，合度餘滿日度法加合度算一，合度算滿合終日數去之，亦以合終日餘減合度，若不足減者減合度算一，加周虛積年盡所得，即所求年天正十一月冬至後晨夕合度算及度餘。其求水及命度，皆如上法。

求星合月及日

術曰：置冬至去朔日數減一，加合度算，冬至小餘以加合度餘，合度餘滿日度法去之，加合度算一合度算變成合日算，合度餘為日餘，命日起天正十一月如曆月大小除之，

278

不满月者算外，即星合月，及日有闰，以闰计之。

求後合月及日

術曰：以合終日數及合終日餘，加前入月算及餘，餘满日度法，後日一日，如厤月大小除之，起前合月算外，即後合月及日。其金水以合日數及一合日餘加之，加夕得晨，加晨得夕也。

求後合度

術曰：以行星度餘加前合度及度餘，度餘满日度法從度，命起前合度宿次除之，不满宿者算外，即後合度餘，逕斗除其分，其分四千一百一十七。

歲星合終日數三百九十八，合終日餘一萬二千六百八，周虚三千二百五十二，行星三十三度，度餘九千四百九十一。

歲星晨与日合，在日後，伏十六日，日餘二千八百四，行星二度，度餘一萬三千一百七十五，晨見東方，順疾日行五十八分之十一，五十八日行十一度，順遲日行九分，五十八日行九度，而留不行。二十五日而旋，逆日行七分之一，八十四日退十二度，復留，二十

五日復順遲日行九分，五十八日行九度，復順疾日行
十一分，五十八日行十一度，在日前，夕伏西方。順十之
日日餘六千八百四，行星二度，度餘一萬三千一百七
十六而与日合。

熒惑合終日數七百七十九，合終日餘一萬五千一
百四十三，周虛一千七百一十七，行星四十九度，度
餘六千九百九。

熒惑晨与日合，在日後，伏七十一日，日餘一萬六
千一，行星五十五度，度餘一萬三千九百四十三，
晨見東方，順疾日行二十三分之十四，一百八十
四日行一百一十二度，順遲日行十二分，九十一日行
四十八度，而留不行，十一日而旋，逆日行之十
二分之十七，六十二日退十七度，復留，十一日復
順遲日行十二分，九十二日行四十八度，復順疾，
日行十四分一，百八十四日行一百一十二度，在日
前，夕伏西方，順七十一日，日餘一萬六千二，行
星五十度，度餘一萬三千九百四十三而与日合。

鎮星合終日數三百七十八，合終日餘九百八十一，
周虛一萬五千八百七十九，行星十二度，度餘一
萬三千七百二十四。

鎮星晨与日合，在日後，伏十八日，日餘四百九
十，行星二度，度餘六千八百六十二，晨見東方，

順日行十二分之一，八十四日行七度，而留不行，三十六日而旋，逆日行十七分之一，一百二日退六度，復留，三十六日復順，日行十二分之一，八十四日行七度，在日前，夕伏西方，順十八日，日餘四百九十一，行星二度度餘之千八百六十二而與日合。

太白合終日數五百八十三，合終日餘一萬四千五百二，周虛二千三百五十八，行星二百九十度，求合數度餘一萬五千六百八十一，合日數

太白夕与日合，在日前，伏四十一日，日餘一萬五千六百八十一，行星五十一度，度餘一萬五千六百八十一，夕見西方，順疾日行一度十三分之三，九十一日行二百一十二度，順遲日行一度十三分之二，九十一日行五度，順大疾，日行十五分之十一，四十五日行三十三度，而留不行，八日而旋，逆日行三分之二，九日退六度，在日前，夕伏西方，伏六日，退四度而与日晨合。

太白晨与日合，在日後，伏六日，退四度，逆日行三分之二，九日退六度，而留不行，八日順日行十五分之十一，四十五日行三十三度，順疾日行一度十三分之二，九十

281

一日行一百五度，順大疾，日行一度十三分之二，九十一日行一百一十二度，在日後，晨伏東方，順四十一日，日餘一萬五千之百八十一，行星五十一度，度餘一萬五千之百八十一而与日夕合。

辰星合終日數一百一十五，合終日餘一萬四千八百一十八，周虛二千四十四，行星五十七度，度餘一萬五千八百四十八。亦曰合日數

辰星夕与日合，在日前，伏十七日，日餘一萬五千八百四十八，夕見西方，順疾日行一度三分之一，十八日行二十四度，順遲日行七分之五，七日行五度，而留不行，四日在日前，夕伏西方，逆，十一日退之度，而与日晨合。

辰星晨与日合，在日後，伏十一日，退之度，晨見東方，而留不行，四日順遲日行七分之五，七日行五度，順疾日行一度三分之一，十八日行二十四度，在日後，晨伏東方，順十七日，日餘一萬五千八百三十八，行星三十四度，度餘一萬五千八百四十八而与日夕合。

　　五星曆步

術曰：以術法伏日度及餘加星合日度及餘，餘滿日度法一萬之千八百之十得一，從令命之加前得星見日度及餘，以星行分母乘見度分

日度法如一得一，分不盡牛法以上亦得一，以加所行分，分滿其母得一度，逆順母不同，以當行之母乘故分，故母，如一為當行分，留者承前，逆則減之，伏不盡度，盡當為書實形近而論。除斗分以行母為率分，有損益前後相御。十四。**十四當為衍文.** **以上參攷景初、正光兩曆。**

    求五星行所在度

術曰：以行分子乘行日數分母除之，所得即星行所在度。

    以歲星為例。歲星在会合一周实际运行順疾段目内，日行 $\frac{11}{58}$ ，行至第十三日，則

$$\frac{11}{58} \times 13 = \frac{143}{58} = 2 \cdot \frac{29}{58} ,\ 即星行所過度。$$

隋劉焯皇極曆資料

皇極曆術

隋書律曆志

四、

皇極曆法

大業四年，駕幸汾陽宮，太史奏曰：日食無效。帝召焯，欲行其曆。袁充方幸于帝。左右胄元共排焯曆。又會焯死，曆竟不行。術士咸稱其妙，故錄其術云：

关于創立"定朔法"，始於何承天，至刘焯运用入於曆，至唐而始实行之。楊偉说："加时後天，食不在朔。"他提出了这问题，却未纯详。何承天说"合朔月食，不在朔也。"因創月有三大二小之说，以主法未善，未理入曆。龍宜弟说："日食不在朔，而易之了庶。"他凭據春秋日食，以驗食必在朔（《隋志》刘孝孙云："後魏龍宜弟後修延興之曆。"但已曆未传。）这三人都志批寻定朔之法，但成效不大。故刘孝孙说："此三人者，前代之善曆，皆有其意而未而其书。"李孙因以月行迟疾合朔月有三大一小，但为刘暉所抑，法不纯行。刘焯皇極曆，始以定朔法曆，

又創定氣之说，密於舊法，但为張
胄元所抑，竟不施行。一九七一年
六月十二日夜，病中读史至此，不胜
惋惜，为千古才人一哭。

甲子元距大隋仁壽四年甲子積一百萬
八千八百四十算。

皇極上元甲子，距隋文帝仁壽四年
甲子（西元六〇四年），共得1008840
年，适为六十的倍数，仁壽四年未計
示示在內。

歲率六百七十六

即章歲，与天保曆同。

月率八千三百六十一

即章月，劉焯皆以率各之。676年
会有8361月，得：

小周＝歲半676＋月平8361＝9037。

就是日行 676周，月亮行 9037周，以
676除之，即

$$\frac{9037}{676} = 13\frac{249}{676} = 13\frac{19\frac{2}{13}}{52}$$

就是一年月所行的周数，也是一日
月所行度数。

朔日法千二百四十二

朔實三萬六千六百七十七

旬周六十

朔辰百三半　　辰疑為辰之誤

日干元五十二

以朔日法 1242，除朔實 36677，

得　$29日\dfrac{659}{1242}=29日530596$，即

一月數。

以 12 辰除朔日法，得朔辰 1035。

52 皇極曆稱為日干元。

以 52×13 稱為歲率

以 52×897 稱為義日法。

旬周 60，即占十甲子一周之義。

日限十一

盈況十六

虛緫十七

將一年日數兩分，自秋分至春分，及自春分至秋分，兩者日數并不相等。前者少，後者多。如一年二十四氣平均日數為 15日，就實際說，秋分至春分各氣小於 15日，而春分至秋分各氣大於❶ 15日。兩者差倍，是 16与17

相比，皇極曆特創"盈汎"为 16，
缩总为 17；但恒气日数为 15，汎总
之平均为 16.5；两个平均值相比，即
16.5：15 = 11：10
皇極曆特称、11为日限。忄用日限
乘除，均以 10 省得。

推經朔術
置入元距所求年，月率乘之，如岁率而一，
为积月，不满为闰衰，朔实乘积月，满朔
日法得一为积日，不满为朔馀，自周去
积日，不尽为日，即所求年天正經朔日
及馀。

歳率 676：月率 8361 = 入元距所求年
：相当月数乀

求得 积月乀及闰衰，闰衰暂置不论，
迳以朔实乘积月，得各月的积日的朔日
法分。以朔日法除之，得积日及朔小馀。
积日除去六十倍数，其馀命为大馀祈
外，得所求年天正經朔日及朔馀。
求上下弦望加經朔日七，馀四百七十五小，
即上弦經日及馀又加得望，下弦及後

289

月朔，就经求望者，加日十四，餘九百五十半，下弦加日二十二，餘百八十四，餘九百五十半，下弦加五十九，每月加闰衰二十大，即各其月闰衰也。

求上弦、望及下弦，须加一个朔望的四分之一，二分之一，及四分之三的大餘，即得。又从月率

$$8361 - 12 \times 岁率\ 676 = 249\ 为一年$$

的闰衰。一月的闰衰者：

$$\frac{\frac{249}{12}}{676} = \frac{20\frac{3}{4}}{676}$$

即術文所谓：闰衰二十大。

凡月建子为天正，建丑为地正，建寅为人正，即以人正为正月。凡求所起，本於天正。若建岁厤，从正月始。气候星是所值節度，雖有前却，之交亦隨之。其前地正为十二月，天正为十一月，并诸氣度皆属往年。其日之初，亦从星起。晨前多少，俱归晓日。

月建以十一月子月为天正，丑月为地正，寅月为人正。今以人正为正月。求女起原，始於天正。若建一岁之厤，始

於正月。气候所值中節，月星所值宿度，雖有前後，曆皆隨之。歲曆前地正十一月，天正十二月，和屬於它的气候中節，月星的宿度，俱歸往年。金日开始，亦從星起。晨前多少，依习愦都歸昨日。

若气在夜半之後，量影以後日為正。诸因加者，各以其餘減法，殘者為全餘。

若節气在夜半以後，在夜半後日馬主莨便来度，則以量影以後日為正。

诸因加者，即因餘，加餘之類，皆以艾法数为分母，而以"各以艾餘減法"，減餘，称为全餘。

若所因之餘，满全餘以上，皆增全一，而加之，減其全餘；即因餘力於全餘者，不增全加，皆得所求分度亦爾。凡日不全為餘，積以成餘者曰秒度，不全为分，積以成分者曰萬，其有不成秒曰曆，不成萬曰今。

若艾因餘在全餘以上，先加一数，然後減艾全餘。因餘力於全餘，不必这样计祘，所谓：不增全加。以得所求。分度计祘，以依此法。

凡不足一日的为馀，累積以成日馀的为秒。不足一度为分，積以成分的为蔑。其不成秒、不成蔑者，为虚者么。

其分馀秒蔑，和以苦忝麻加時，同一規定。

其分馀秒蔑，皆一为小，二为半，三者本，四为全。加滿全者從一，其三分者，一为少，二为太。

若加者秒蔑成法分馀，滿法從日度一。

古麻家行文简略，为行文酣暢，当銷補充。"若加者秒蔑成法從分馀，分馀滿法從日度一。"則意義較为題澉。成法下须须勛詞從字，下句加之訂分馀。或疑文字有脱误处。

百度有所滿，則從去之，而日命以日辰者，滿自周則亦隙，命在連分馀秒蔑者，亦隨全而從去。其日度雖滿，而分秒不滿者，未可從去。仍依本數。若減者秒蔑不足，

以意"不足"下可加"減者"二京。

減者，減分馀一，加法而減之，分馀不足減者，加所從去，或前日度乃減之，

即其名有總而日度全及分餘芸者，須相加除，常皆連全及分餘，芸加除之，若須相乘，有分餘者，母必通全內子，乘訖根除，或分餘相乘母不同者，子乘母而并之，母相乘為法，其并滿法，從一為全，此即齊同之也。既除為分餘，而有不成，芸例有秒芸，法乘而又法除，得秒芸數，已為秒芸及正有分餘，而所不成，不復須者，須進半從一，無半棄之。若分餘其母不等，須要相通，以彼所法之母，乘此而分餘，而此母除之，得彼所須之子，所有所有秒芸者亦法乘，不滿此母，又除而得其數。

所謂：既除為分餘，而有不成。以下：
既竟以法，除得分餘，看似不成。若例應有秒芸，則當法乘，而又法除，得秒芸數。或者已得此秒芸數及正項有分餘，看似不成。不後需要秒芸者，則須進成該項的分數。其分後大於分母半數，為一，無半則去之。
屬於秒芸的次，便進1法乘後，仍

予以此母，則誤又除而得其數。

廢玄亦然，其所除去，而有不盡全，則謂之不盡。盡，亦曰不如，莫不成全，全乃為不滿，分餘秒蔑，更曰不成。凡以數相減，而有小及半太，須相加減，同於分餘法者，皆以其母三四除其氣度日法，以半及太大率三三乘之。

小是四分之一，即十二分之三。半是分之二，即十二分之六。太為分之三，即十二分之九。因此互相加減，氣法、度法、日法先以三除，後以四除，以十二為分母，然後以小半及太大本率四分之一，或十二分之二；四分之三，或十二之九乘之。

大小即須因所除之數，隨其分餘，而加減之。秋分後春分前為盈汛，春分後秋分前為縮差。須取其數，汛縮有名。搶用其睱，春分為主。縮日分後，盈日分前。凡所不見，皆倣於此。

秋分後春分前，太陽走的是圓曆，稱為盈汛；春分後秋分前，太陽走綜曆，稱為縮差。盈汛十六，縮差十七。須取其數。若單捨出「汛差」指單用時說，若以春分为主，可简称为：歉日分後，盈日分前。以後不（）将别指明，皆行此。

氣日法四萬之千之百四十四
歲數千七百三萬之千四百之十六半
度準三百四十八
約率九
氣辰三千八百八十七
餘通八百九十七
秒法四十八
曆法五

以氣日法除歲數，即
$$\frac{170364665}{46644} = 365日\frac{114065}{46644}$$

度準、約率为皇極曆所創，用法見後。
气辰、餘通都自从气日法拆出的，
以 $\frac{46644}{12} = 3887$　12辰除气日法，得气辰。

以 日干元 52，除 气日法，得餘通。
$\frac{46644}{52} = 897$　称为餘通。

秒法、曆法見後。

推氣術

半閏衰乘朔實，又準度乘朔餘，加之，如約率而一，所得滿氣日法，為去經朔日，不滿為氣餘，以去經朔日，即天正月冬至恒日定餘，乃加夜數之半者，減日一，滿者因前皆為定日，命曰甲子算外，即定冬至日。

　　皇極曆與以前各曆推氣術不同，今介紹如次：

　　冬至為二十四氣的首氣，與天正十一月朔的去經朔日，亦即閏衰有关。

　　列焯用半之閏衰，以乘朔實，加入度準乘朔小餘，除以約率，即：

$$\frac{36677 \times 半閏衰 + 348 \times 朔小餘}{9}$$

復以气日法除之，得

$$去經朔日 + \frac{气餘}{气日法}$$

將去經朔日棄去，即得天正冬至恒日定餘。舉例釋之：

　　設求入元後第二年冬至日，則積年為一年。

$$半閏衰 = \frac{1}{2}(月率 - 12 \times 歲率) = 175，$$

朔餘 = 659，循術計之，得：

$$11日 \frac{19762.5}{46644} = 去經朔日 + \frac{气餘}{气日法}$$

求出定餘，如后所述，冬至恒日是

$$15日 \frac{10192\frac{37}{48}}{46644}$$

冬至定日，則從恒日減去日躔表中所

述的 $\frac{28 \times 897}{52 \times 897}$ ，得 $14日 \frac{51720\frac{37}{48}}{46644}$

与冬至恒日相比，整数而言，須減少一日，術文所謂：於定餘内，加入"夜半刻"。此数和晨方或昏后至夜半时刻相当，即因考餘，而加漏时，始为定日，故命日甲子算外，即定冬至日。

其餘如半氣辰千九百四十三半以下者，為氣加子半後也。過以上，先加此数，乃氣辰而一，命以辰算外，即氣所在辰，十二辰外，為子初以後餘也。又十二乘辰餘，四為小太，亦曰廿，五為半少，六為半，七為半太，八為大少，並曰太，九為太，十為大太，十一為宗辰廿。

这是和以前各历加时计称不同处。

其又不成法者，半以上為進，以下為退，退以配前為強，進以配後為弱，即初不成一，而有退者，謂之沿辰，初成十一，而有進者，謂之宗辰。未旦其名有重者，**末旦二字疑为且字之误** 則於間可以加之，命辰通用其餘，辨日分辰，而判諸日，因別亦皆準此，因冬至有減日者，還加之，每加日十五，餘為一百九十，秒三十七，即各次氣恒日及餘，諸川歷其閏襄，如求冬至法，求即其月中氣恒日去注朔數，其求後月節氣恒日，如次之求前節者，減之。

而謂不成法者，規定半以上為進，半以下為退。退則極处，向前為強；就是達到十二分之二，称为強；進則極处，再以配後則為弱，就是十二分之十一，称为弱。再此一步说：最初不成一，為有退的，称为沿辰。最初已成为十一，為有進的，称为宗辰。

且更各称有色彼时，則於其間可加入之。通例可将辰的各称，代用各大小餘，以之諛日分辰，而定諸日，史餘六，皆準此。

又因冬至定日，例有减日，辰回加此，後之還乘。盈加

$$15日 \frac{10190\frac{37}{48}}{46644}$$

即得各次气恒日及餘。若各月并其闰衰，即将所求年某月的闰衰，用此例法求出，得其月中气恒日去徑朔数。求後月节气的恒日，可如次气時的求芮气法，用道祢法减去之，点了。

月	氣	躔衰	衰總
十一月	大雪 冬至中	增二十八	先端
十二月	小寒節 大寒中	增二十四 增二十	先二十八 先五十二
正月	立春節 雨水中	增二十 增二十四	先七十二 先九十二
二月	驚蟄節 春分中	增二十八 損二十八	先一百一十六 先一百四十四
三月	清明節 穀雨中	損二十四 損二十	先一百一十六 先九十二

四月	立夏節	損二十	先七十二
	小滿中	損二十四	先五十二
五月	芒種節	損二十八	先後端
	夏至中	增二十八	後端
六月	小暑節	增二十	後五十二
	大暑中	增二十	後五十二
七月	立秋節	增二十	後七十二
	處暑中	增二十四	後九十二
八月	白露節	增二十八	後一百一十六
	秋分中	損二十八	後一百四十四
九月	寒露節	損二十四	後一百一十六
	霜降中	損二十	後九十二
十月	立冬節	損二十	後七十二
	小雪中	損二十四	後五十二
十一月	大雪節	損二十八	後二十八
	冬至		

月	氣	陟降率	遲速數
十一月	大雪		
	冬至中	陟五十	速卒
十二月	小寒節	陟五十三	速五十
	大寒中	陟三十六	速九十三
正月	立春節	陟三十六	速一百二十九
	雨水中	陟四十三	速一百六十五

月	節氣	陟降	遲速
二月	驚蟄節	陟五十	速二百
	春分中	陟五十	速二百五十八
三月	清明節	陟四十三	速二百八
	穀雨中	陟三十六	速一百六十五
四月	立夏節	降三十六	速一百二十九
	小滿中	降四十三	速九十三
五月	芒種節	降五十	速五十
	夏至中	降五十	遲九十
六月	小暑節	陟三十六	遲九十三
	大暑中	陟三十六	遲九十三
七月	立秋節	陟三十六	迟一百二十九
	處暑中	陟四十四	迟一百六十九
八月	白露節	陟五十	迟二百八
	秋分中	陟五十	迟二百五十八
九月	寒露節	陟四十三	迟二百八
	霜降中	降三十六	迟一百六十三
十月	立冬節	降三十六	迟一百二十九
	小雪中	降四十三	迟九十三
十一月	大雪節	降五十	迟五十
	冬至		

日躔表解釋如次：

"躔衰"为本氣太陽实行度与平行度的差。

"衰總"為前項實行度与平行度差的積累數。"陟降率"為太陽實行与平行差，和月平行的比。

"遲速數"為每日陟降率的累積。

例如：冬至的"躔衰"為"十署二十八"。這 28 是以 52 為分母的。"陟降率"為"五十"。這 50 是根據 署28 而來的。冬至的恒气日數，為

$$15\frac{10190\frac{37}{48}}{46644}$$

以即日所行度數，（日平行一定），故

$$15\frac{10190\frac{37}{48}}{46644} - \frac{28+897}{52\times897} = 14\frac{31720\frac{37}{48}}{46644},$$

為冬至定氣所行度數，以即定气日數。

皇極厤的月平行度，左说法數，歲率、月率时，已知為 13°·3684，雪朔月法為 1242，由是冬至下的陟降率

$$\frac{\frac{28}{52}}{13°\cdot 3684} = \frac{x}{1242},$$

故 $x=1.778\times28=50$，

同理　小雪下躔衰為增 24，

故其陟降率　$1.778\times24=43$，

其它各气，仿此計祘。

推每日躔速數術

見所求在氣陟降率，并後氣率，半之，以日限乘而汎總除，得氣末率，又日限乘二率相減之，殘汎總除為總差，其總差亦日限乘，而汎總除為別差，率前少者，以總差減末率為初率，乃別差加之；前多者，即以總差加末率，皆為氣初日陟降數，以別差前多者日減前少者，日加初數得每日數，以厤推定氣日隨筭其數，陟加降減，其遲速為各遲速數，其後氣無同率及有數同者，累因前末，以末數為初率，加總差為末率，及差漸加初率為每日數，通計共秒，調而御之。

術文試以計祘传表示之：

命本氣陟降率為 Δ_1，

後气率為 Δ_2，

汎總除日限為 K，

则 气末率 $= K\frac{\Delta_1+\Delta_2}{2}$

总差 $= K(\Delta_1-\Delta_2)$

别差 $= K^2(\Delta_1-\Delta_2)$

气率的平均率为 15 日，则把每日进速数，末率、总差、别差皆须以 15 除之；其中有汎总之分，在春秋分後，不得不改用朏总及盈汎除。某数用 15 除，等於以 $\frac{1}{1}$ 乘某数後，用 16.5 除。某数用汎总相当的定气日数除，等於 $\frac{1}{1}$ 乘某数後用汎总除，这是 K 的意义。

述速差的升降率，依術计祸之：

前少者 $\quad K\frac{\Delta_1+\Delta_2}{2}-K(\Delta_1-\Delta_2)+\frac{K^2}{2}(\Delta_1-\Delta_2)$

前多者 $\quad K\frac{\Delta_1+\Delta_2}{2}+K(\Delta_1-\Delta_2)-\frac{K^2}{2}(\Delta_1-\Delta_2)$

这是某气後第一日数，第 n 日为：

$$K\frac{\Delta_1+\Delta_2}{2}\mp K(\Delta_1-\Delta_2)\pm\frac{nK^2}{2}(\Delta_1-\Delta_2)$$

但 $0<n<$ 汎总 相当的定气日数。

今假设有小於 K 值的 S，以上式中的 K，则上式为：

$$S\frac{\Delta_1+\Delta_2}{2} \mp S(\Delta_1+\Delta_2) \pm \frac{nS^2}{2}(\Delta_1-\Delta_2)$$

设以 S 为自变数，则此式子代表第 n 日之任意时刻的数，继而以 S+d，代史式中的 S，並两式相减，省去 ds² 项，即得：

$$ds\frac{\Delta_1+\Delta_2}{2} \mp ds(\Delta_1-\Delta_2) \pm \frac{2Sds}{2}(\Delta_1-\Delta_2)$$

用现代定积分计称，令其下限为 C，上限为 K，结果仍得

$$K\frac{\Delta_1+\Delta_2}{2} \mp K(\Delta_1-\Delta_2) \pm \frac{nK^2}{2}(\Delta_1-\Delta_2)$$

由上述原理，仍以 S 代 K，且将上式中各项的正负号，归纳在代数文字中，则上式可以"等多号"形式托し。

同附，假设从某气后至第 n+S 日任意时刻的相当数，为：

$$S\frac{\Delta_1+\Delta_2}{2} + S(\Delta_1-\Delta_2) - \frac{nS^2}{2}(\Delta_1-\Delta_2)$$

第 n+S+1 日的任意时刻相当数，为：

$$(S+1)\frac{\Delta_1+\Delta_2}{2} + (S+1)(\Delta_1-\Delta_2) - \frac{n(S+1)^2}{2}(\Delta_1-\Delta_2)$$

将此两式相减，得：

$$\frac{\Delta_1+\Delta_2}{2}+(\Delta_1-\Delta_2)-\frac{2S+1}{2}(\Delta_1-\Delta_2)\cdots\cdots(A)$$

今用 Gaus 的内插法公式，为查三次以上次有过Q，则此数：

$$F(n+S)=f(n)+S\Delta_1+\frac{S}{2}(\Delta_1-\Delta_2)$$
$$-\frac{S^2}{2}(\Delta_1-\Delta_2)$$

这是 二次差等间隔内插法的一般公式。同理，对于：

$$F(n+\overline{S+1})=f(n)+(S+1)\Delta_1+\frac{S+1}{2}(\Delta_1-\Delta_2)$$
$$-\frac{(S+1)^2}{2}(\Delta_1-\Delta_2)$$

两式相减，得：

$$\Delta_1+\frac{\Delta_1-\Delta_2}{2}-\frac{2S+1}{2}(\Delta_1-\Delta_2)\cdots\cdots(B)$$

因 $\dfrac{\Delta_1+\Delta_2}{2}+(\Delta_1-\Delta_2)\equiv\Delta_1+\dfrac{\Delta_1-\Delta_2}{2}$

故知 (A)(B) 两式的次，完全相等。

可见 皇极厤 所用二次差内插法 和 现代 所用二次差内插法公式，计研无异。

所谓：其後气各同率，及有数同者。

例如：前日躔衰中大雪及立春下的防降率，均为防三十六，是总差及别差，均等扨零。便失去计祘的意义。其左此倒，则以本气率和芳气率相加折半，作为芳气末率，亦即本气初率，即所谓：因芳末为初率，故芳少者加入总差；芳多者以总差减之为末率。其馀计祘，仍以奇术。

求月朔弦望應平会日所入迟速

各置其馀馀為辰，以入气辰减之，乃日限乘日，日内辰為入限，以乘其气前多之末率，前少之初率，日限而一為馀率如前多者入限减汎馀之残乘馀差汎馀而一為入差，并於馀差入限乘信日限，陈以馀率。前少者入限再乘差别、日限，自乘信而陈，亦加馀率，皆為馀馱，乃以陈加降减其气迟速馱為定，即速加迟，减其馀馀，各馀月平会日所入迟速定日及馀。

這段術文兩說計秝，狀常複雜。

前說化定氣大小餘為辰數，而以朔法沱入气的辰數減之，並以日限乘日數。次據計秝。

先以 $\dfrac{入限}{汎總} = S$ 作自變數看待，得

$$總數 = S\left\{\dfrac{\Delta_1 + \Delta_2}{2} + \dfrac{1}{2}[(1-S)(\Delta_1 - \Delta_2) + (\Delta_1 - \Delta_2)]\right\} \cdots\cdots\cdots (C)$$

$$總率 = \dfrac{入限}{日限}\left\{\dfrac{日限}{汎總}\left(\dfrac{\Delta_1 + \Delta_2}{2}\right)\right\} = \dfrac{入限}{汎總} \times \dfrac{\Delta_1 + \Delta_2}{2},$$

$$前多者入差 = \dfrac{(汎總 - 入限) \times \dfrac{日限}{汎總}(\Delta_1 - \Delta_2)}{汎總}$$

$$總數 = \left[入差 + \dfrac{日限}{汎總}(\Delta_1 - \Delta_2)\right]\dfrac{入限}{2日限}$$

$$+ \dfrac{入限}{汎總} \times \dfrac{\Delta_1 + \Delta_2}{2} =$$

$$\left\{\dfrac{(汎總 - 入限)(\Delta_1 - \Delta_2)}{汎總} + (\Delta_1 - \Delta_2)\right\}\dfrac{入限}{2汎總}$$

$$+ \dfrac{入限}{汎總}\left(\dfrac{\Delta_1 + \Delta_2}{2}\right)$$

$$= \left[\left(1 - \frac{入限}{汎總}\right)(\Delta_1 - \Delta_2) - (\Delta_1 - \Delta_2) \right] \frac{入限}{2 汎總}$$

$$+ \frac{入限}{汎總} \times \frac{\Delta_1 + \Delta_2}{2}$$

更於此式中，令 $\dfrac{入限}{汎總} = S$ 代入，

即得（C）式。此式是存合於次令所用
二次差内插法公式的。

又前少者，則

$$總數 = \frac{入限^2 \times 別差}{2 日限^2} + \frac{入限}{汎總} \times \frac{\Delta_1 + \Delta_2}{2}$$

$$= \frac{入限^2 \left(\frac{日限}{汎總}\right)^2 (\Delta_1 - \Delta_2)}{2 日限^2} + \frac{入限}{汎總} \times \frac{\Delta_1 + \Delta_2}{2}$$

$$= \frac{S^2}{2}(\Delta_1 - \Delta_2) + S \frac{\Delta_1 + \Delta_2}{2}$$

$$= S \left\{ \frac{\Delta_1 + \Delta_2}{2} + \frac{1}{2}\left[(1 + S)(\Delta_1 - \Delta_2) - (\Delta_1 - \Delta_2) \right] \right\}$$

由是定 遲疾數

$$\pm S \left\{ \frac{\Delta_1 + \Delta_2}{2} + \frac{1}{2}\left[(1 \mp S)(\Delta_1 - \Delta_2) \pm (\Delta_1 - \Delta_2) \right] \right\}$$

再由各恒餘速加遲減此式，姑各得共日平会日所入遲速定日及餘。

求每日所入先後

各置其氣躔衰与衰總，皆以餘通乘之，所乃躔衰如陟降，衰總如遲速數，亦如求遲速法即得，每所入先後及定數。

　　求每日先後，和求每日遲速，其法丰同。
　　但躔衰和衰總兩项，皆以52为分母，不以气日法为分母。计祘时增加不少改祘工作。故必各以餘通乘躔衰及衰總，使之各以气日法为分母，而後将躔衰視以陟降率，衰總視以遲速數，用同一方法，即以求每日所入先後。

求定氣

其每日所入先後數，即為氣餘。其所厤日，皆以先加之，以後减之，隨筭其日，通準其餘，满一恒氣，即為二至後一氣之數，以加二，如法用別其日而命之。又筭其次，每相加命，各得其定氣日及餘也。亦以其先後巳通者，先减後

加其恒氣，即次氣定日及餘，亦因別
其日命以甲子各得所求。

　　將所求出的每日先後數，視為氣
餘。經過各日，先加後減，至滿一恒氣，
即成二至後一气之数，实际上是加上
滿二氣了。用这方法，判别炅日，即由
本气，求得次气。術文所謂：每相
加命，各得炅定气日及餘。占有將
先後数，逐日見出，以先減後，加
炅恒气，便得次气及餘，占即所謂
"因別日命以甲子各得所求。"
求土王距四立各四氣外，所入先後加減
滿二日，餘八十一百五十四秒，十除，
除所滿日外，即土始王日。

　　大業及以前各厤，土王用事开始，
左分至后二十七日及小餘若干。

　　本厤说：距四立各四气，是逆推
和順推不同，意義相同。

　　本厤更加入先后数条件，即先將
小炅恒气，以 $\frac{8}{10}$ 乘，即

$$\frac{8}{10}\left(15\frac{10190\frac{37}{48}}{46644}\right)=12日8154\frac{10\frac{12}{10}\frac{1}{10}\frac{10}{48}}{46644}$$

次必先後數加減，已知冬至定氣尚
朽由恒氣日數，減去 $\frac{28}{52}$，

小寒定氣由恒氣 $\frac{24}{52}$ 日數，減
去 $\frac{24}{52}$，兩定氣的所減總和，這辛于
朽一日，亼即兩定气總日數
為 29 日，及小餘若干，比 27 日多二日。
即術文所謂：滿二日及除所滿以外，
意义。

求候日定氣，即初候日也。三隙恒气，
各為平候日餘，亼以所入先後數為
气餘，所厤之日，皆以先加後減，
隨汁其日，通準其餘，每滿其平，
以加气日而命之，即得次候日，若
算其次，每相加命，又得末候及
次气日。

所得定气，即所求的初候日。
更置恒气日數，三均分之，各得平
候日。其餘亼各以每日所入先后數
為气餘，先加后減，每加滿平候日，
加入气日，而命之，即得次候日；造
用同法，遞添其次，得末候及次气
日。大衍厤七十二候条多气改。

氣	初候	次候
冬至	虎始交	芸始生
小寒	蚯蚓结	麋角解
大寒	鷹北向	鵲始巢
立春	雞始乳	東風解凍
雨水	魚上冰	獺祭魚
驚蟄	始雨水	桃始華
春分	鷹化為鳩	元鳥至
清明	雷始見	蟄蟲咸動
穀雨	桐始華	田鼠為鴽
立夏	萍始生	戴勝降桑
小滿	蚯蚓出	王瓜生
芒種	靡草死	小暑至
夏至	鵙始鳴	反舌無声
小暑	蟬始鳴	半夏生
大暑	溫風至	螳螂居壁
立秋	腐草為螢	土潤溽暑
處暑	白露降	寒蟬鳴
白露	天地始肅	暴風至
秋分	元鳥歸	群鳥養羞
寒露	蟄蟲坏戶	殺氣盛
霜降	水始涸	鴻雁來賓

夜四十刻十四分

立冬	菊有黄華	豺祭獸
小雪	地始凍	雉入水為蜃
大雪	冰益壯	地始坼

氣	末候	夜半漏	
冬至	荔挺出	二十七刻	四二分半
小寒	水泉動	二十七刻	二六十七
大寒	雉始雊	二十六刻	八九十半
立春	蟄蟲始振	二十五刻	八十半
雨水	鴻雁來	二十四刻	六半
驚蟄	倉庚鳴	二十三刻	三十
春分	雷始發聲	二十二刻	三半
清明	蟄蟲啟戶	二十一刻	三半
穀雨	虹始見	二十刻	三分
立夏	螻蟈鳴	十九刻	半一分
小滿	苦菜秀	十八刻	半三六
芒種	螳螂生	十七刻	六九十
夏至	鹿角解	十七刻	七六十 夜四十刻四分
小暑	木槿榮	十七刻	八九十
大暑	鷹乃學習	十八刻	九三十
立秋	涼風至	十九刻	二半
處暑	鷹祭鳥	二十刻	半

白露	鴻鴈来	二十一刻 十二半
秋分	雷始收声	二十二刻 五十
寒露	陽氣始衰	二十三刻 七十七半
霜降	雀入水為蛤	二十四刻 九十二半
立冬	水始冰	二十五刻 九八半
小雪	虹藏不見	二十六刻 九二
大雪	鶡旦鳴	二十七刻 三十

氣	昏玄中星	
冬至	八十二度	轉分四七
小寒	八十三度	十六
大寒	八十五度	六
立春	八十七度	四十九
雨水	九十一度	四十八
驚蟄	九十六度	三
春分	一百度	三十七半
清明	百五度	二十
穀雨	百九度	三十九
立夏	百一十三度	二十五
小満	百一十六度	九十八
芒種	百一十八度	九十八
夏至	百一十八度	四

夜四十刻十四分

小暑	百一十八度	大
大暑	百一十六度	九十五
立秋	百一十三度	三十
處暑	百九度	三十
白露	百五度	三十
秋分	百度	二十七半
寒露	九十六度	三
霜降	九十一度	三十六三
立冬	八十七度	
小雪	八十五度	六
大雪	八十三度	十六

初候、末候、次候 屬於 72候表。

夜半漏、昏去中暑 屬於步晷漏表。

皇極曆名步晷漏表，按此記於此。

各氣夜半漏刻下，記分以百分為一刻；昏去中星下，有餘分若干數，是以52為分母。

一晝夜規定一百刻，以2X夜半漏＝夜刻；100刻-夜刻＝晝刻。

通例，在晝刻內減去五刻，以加夜刻，即為其晝為日見刻數，夜為不見刻，刻分以百為母。

倍夜半之漏，得夜刻也。以減百刻，不盡
為晝刻，毎減晝刻五，以加夜刻，即其晝，
為日見，夜為不見刻數，刻分以百為母。

釋見前。

求日出入辰刻，十二除百刻，十二除百刻
得辰刻數，為法，半不見刻，以半辰
加之，為日出實；又加日出見刻為日
入實，如法而一，命子算外，即所
在辰，不滿法及為刻及分。

求日出入辰刻

規定一晝夜為 100刻，而即 12辰，
故一辰相当刻数

$$\frac{100刻}{12辰} = 8刻\frac{1}{3} = 辰刻数$$

命 夜半子初为起稀点外，则日出辰刻：

$$\frac{半不見刻 + 半辰}{辰刻数}$$

$$日入辰刻 = \frac{半辰 + 半不見刻 + 日出見刻}{辰刻数}$$

两式均有除得数及剩余。剩余小扵法
数，当然是为刻为分。

求晨前餘數，氣刻、朔弦乘夜半刻，百而一，即其餘也。

晨前餘數，是夜半至清晨前相当的日餘。用比例法求之，

100刻：夜半刻＝氣日法或朔日法：晨前餘數

故　$\text{晨前餘數} = \dfrac{\text{夜半刻} \times \text{氣朔日法}}{100}$

求每日刻差，每氣準為十五日，全刻二百二十五為法。其二至各前後於二分，而數因相加减閞，皆六氣，各盡於四至，為三氣。至与前日為一，乃每日增太，又各二氣，每日增少，其末之氣，每日增少之小，而末之日不加而裁焉。

二望至前後一氣之末日，終於十少。二氣初日，积增為十二半，終於二十大。三氣初日，二十一，終於三十少。四至初日，三十一，終於三十五太。五氣亦积增初日三十之太，終四十一少，末氣初日四十一少，終於四十二。每氣前後果筭其數，又百八十乘為實，各以總乘法，而除。

得其刻差，隨而加減；夜刻而半之，各得入氣夜之半刻。其分後十五日外，累算盡日，乃副置之，百八十乘辟德朒，為其所因數，以減上位，不盡為所加也。不全日者隨辰率之。

每氣以十五日為準，自乘得二百二十五，以為全刻的法數。冬至或夏至，前後於春秋二分間，各為六氣。祿至四立而止，各為三氣。冬至初日率為一，以後每日增 $\frac{8}{12}$，又各二氣，（小寒及大雪）每日增少，（疑有錯誤）它的末氣每日增 $\frac{2}{12}$，增至第九日止，以後規定 不加。所謂：末六日不加而裁之。

二至前後一氣，（原作二望至前後，池字疑衍文）增率至末日達于 10 又 $\frac{4}{12}$；祿式為：

$$1 + 14\frac{8}{12} = 10 + \frac{4}{12}$$

第二氣的初日，女率積增為 12 又 $\frac{2}{12}$（12 疑應改為 11），達于 20，又 $\frac{12}{12}$，（原文作二十大。大疑大太之誤）祿式為：

$$11\frac{6}{12} + 14 \times \frac{8}{12} = 20\frac{10}{12}$$

三氣初日，其率为 21，终於 30又$\frac{4}{12}$，所求式为

$$21 + 14\frac{8}{12} = 30\frac{4}{12}$$

四立初日，其率为三十一，终於 35又$\frac{8}{12}$，所求式为

$$31 + 14 \times \frac{4}{12} = 35\frac{8}{12}$$

五氣初日，其率增至 36又$\frac{8}{12}$，终於 41又$\frac{4}{12}$，所求式为：

$$36\frac{8}{12} + 14 \times \frac{4}{12} = 41\frac{4}{12}$$

末氣初日，其率为 41又$\frac{4}{12}$，终於 41又$\frac{8}{12}$而止。所求式为

$$41\frac{4}{12} + 8\frac{6}{12} = 42$$

每氣在二至前后，将增加率，用等差级数，累加其数。再乘以 180 副置为实。经以汉总乘 225，乘得数，用以为法，以除其副，即得刻差。後以刻差折半，並插入一种比例计算。（参致●大衍曆记述步晷漏術等）加减晨前行数相当的刻分，而谓：隨而加减夜刻而半之。各得入气夜的半刻数。

以上僅從冬夏的节后各气论之。

其所因数，若在二分后十五日外，乃累积而尽其日，同样处理，副置一候余，以180乘，而以朓朒总除之，得所因数，以以减上位，不尽为所加也。"

这里略示其计标法，后面再谓："此但略标其总，若精存于《稽极》云。"《稽极》早已失传，十分可惜。此法今不能全晓，只能存疑。

"不全日者，随辰率之。"此外若有不成全日的，则以辰数命之。

求晨去中星，加周度一，各昏去中星减之，不尽为晨去度。

参玫景初历"昏旦中星解释"条：

求每日度差

准日因增加裁，累算所得，百四十三之四百而一，亦百八十乘況总除，为度差数，溯转法为度，随日加减，各得所求，分後氣間，亦求准外，与前求刻至前加减，皆因日數逐算求之，亦可因至向背，其刻各减夏加而度各加夏减。**各减各加两**

各字，乃冬字之誤。若至前，以入氣減氣間，不盡者，因後氣而反之。以不盡日累筹乘除所定，從後氣而逆，以加減皆得其數。此但略校其總，若精存於《稽極》云。

照前所述，使各氣每日的增加率，成為等差級數。所謂："準日因增加減，累乘所得。"乘以 $\frac{143}{400}$ ，再用 180 乘汎總除，稱為度差。數及分。

分是以轉法 52 為分母。若在二分後的各氣間，也依前述準則，和前求刻差附在至前加減，日辰正相反對，皆因日數逆乘求之。也乃因至的前后而發生方向的向背，故就刻差而說：冬減夏加；就度差而說：冬加夏減。

若在二至前，則以入氣日數，減各氣間。其有不盡的，從後氣而相作逆乘。並以不盡日累乘除所定數，從后气逆其順序，而或加或減，始可札得其數。这里僅述大要，详细则記載於刘焯所著的《稽極》中。

轉終日二十七，餘千二百五十五。

終法二千二百六十三。

終實六萬二千三百五十六。

終全餘千八。

　　轉終日就是近點月日數，

　　以終法除終實，得： $27日\dfrac{1255}{2263}$

即為轉終日。

　　　終全餘 = 終法 2263 - 餘 1255 = 1008

轉法五十二。

蔑法八百九十七。

閏限六百七十六。

　　以轉法 52，乘蔑法 897，得氣日法
46644，從月率 8361，減閏率 249，
萃折 閏限 676，和歲率同。

　　推入轉術

終實去積日，不盡，以終法乘而又去，不
如終實者，滿終法得一日，不滿為餘，
即其年天正經朔夜半入轉日及餘。

求次日，加一日，每日滿轉終則去之，
且二十八日者，加全餘，為夜半入初日
餘。

求弦望，皆因朔加弦望日，各得夜半

所入日餘。

求次月，加大月二日，小月一日，皆及全餘，六其夜半所入。

推入轉日　求次日　求弦望　求次月諸項，自景初曆以下諸曆，皆同。惟本曆用入元以來積日，為計算目標，故求得的為夜半入轉日及餘。

求徑長所入朔弦望，徑餘變從轉，不成為秒。加其夜半所入，皆其長入日及餘。因朔辰所入，每加日七，餘八百之十五，秒千一百之十八，秒滿日法成餘，六得上弦、望、下弦。次朔徑長所入徑求者，加望日十四，餘千七百三十一，秒千七十九半，下弦日二十二，餘三百三十四，秒八百九十七小，次朔日一，餘二千二百八，秒九百一十七，求朔望各增日一，減其全餘，又望五百三十一，秒百六十二半，朔五十四，秒三百二十五。

求徑辰所入朔弦望，先將徑餘改稱成的積餘，不成為秒。後將前條所述，夜半所入曆加之，即得徑長所入日及餘。詳言之：因區朔長所入，每加朔望月的四分之一。即7日$\dfrac{475.25}{1242}$，即得上弦。此处所当注意的，是：上式分子，应改成以倍法为分母。所谓：倍法度成转余。方合分数加法。

$$\frac{475.25}{1242} = \frac{x}{2263}$$

故 $x = 865\,\dfrac{1160\frac{9}{12}}{1242}$

$$\frac{x}{2263} = \frac{865\,\dfrac{1160\frac{9}{12}}{1242}}{2263}$$

为求望下弦及次月朔迟疾两入，和直接计称弦沙寺，同一计称，得之。

求月平应会日所入，以月朔弦望会日所入迟速定数，亦变从转余，乃速加迟减其恒辰所入余，即各平会所入日余。

以某月朔弦望会日两入迟速定数，均改称成转余，由前述的恒辰两入余，速加迟减该转余，此得各平会两入日及余。

325

轉日	速分	違差
一日	七百六十四	消七
二日	七百五十七	消八
三日	七百四十九	消十一
四日	七百四十八	消十二
五日	七百二十六	消十三
六日	七百一十三	消十三
七日	七百	消十三 加五秒太 減
八日	六百八十八	消十四
九日	六百七十四	消十四
十日	六百六十	消十二
十一日	六百四十八	消九
十二日	六百三十九	消七
十三日	六百三十二	消六
十四日	六百二十六	息二
十五日	六百二十八	息七
十六日	六百三十五	息九
十七日	六百四十四	息十一
十八日	六百五十五	息十一
十九日	六百六十六	息十三
二十日	六百七十九	息十四
二十一日	六百九十三	息十三

二十二日	七百五	息十四
二十三日	七百二十九	息十三
二十四日	七百三十一	息十二
二十五日	七百四十四	息十
二十六日	七百五十四	息七
二十七日	七百六十一	息五 蔑四遄消
二十八日	七百六十六 蔑	平五四

轉日	加減
一日	加六十八
二日	加六十一
三日	加五十三
四日	加四十二
五日	加三十一
六日	加十八
七日	九分二加減
八日	減七
九日	減二十一
十日	減三十四
十一日	減四十六
十二日	減五十五
十三日	減六十二

十四日	減五十六　減七	加十六　二加
十五日	加六十六	
十七日	加五十	
十八日	加三十九	
十九日	加二十九	
二十日	加十六	
二十一日	加三六加　減六三減	
二十二日	減十七	
二十三日	減二十三	
二十四日	減三十六	
二十五日	減四十八	
二十六日	減五十八	
二十七日	減六十五	
二十八日	減七十三　三十八夕終餘	十一太全餘

轉日	朓朒積
一日	朓初
二日	朓百二十三
三日	朓二百四十四
四日	朓三百三十一
五日	朓四百八
六日	朓四百六十四

七日　　　朓四百九十六

八日　　　朓五百五

九日　　　朓四百九十二

十日　　　朓四百五十四

十一日　　朓三百九十一

十二日　　朓三百七

十三日　　朓二百七

十四日　　朓九十四

十五日　　朒二十八

十六日　　朒百四十八

十七日　　朒二百五十六

十八日　　朒三百四十七

十九日　　朒四百一十九

二十日　　朒四百七十一

二十一日　朒五百

二十二日　朒五百五　　當自減 減
　　　　　　　　　見為五百四

二十三日　朒四百八十七

二十四日　朒四百四十七

二十五日　朒三百八十

二十六日　朒二百九十三

二十七日　　朒百八十八

二十八日　　朒七十

轉日 速分 進差 加減 朓朒積

这五项是组成月离迟疾表的要素。

速分 是每日实际的月行分。以 52 为分母，称为转法。

进差 是本日月行分 和次日月行分的差。若本日行分，大於次日，称为消。小於次日，称为息。皇极厉每日平均月行变为 $13°\frac{19\frac{2}{13}}{52}$ ，用转法 52，通分得：

$695\frac{2}{13}$ ，於是有一个加减的项目，即某日月实行分 大於平行，则差为加；小於平行，则差为减。

例如：一日下的速分为 764，和二日下 757 相比，多了。因此，进差为消了。

和平均月行分 $695\frac{2}{13}$ 相比，实行多 68 有奇。坂表内加 减项内，为加 68。

朓朒积为加减项内的累积数。怎样由加减项变成朓朒积：须由朔日法系统，改成度法系统，始可计祘。换言之：即先由

$$\frac{2263}{1243} \times 68 = 123$$

其餘各日"速分""盈差""加減""朓朒積"計祢皆同。

盈差在13日以前，皆為侸。14日以後，皆為恩。朓朒積在14日以前，屬於朓；15日以後，屬於朒。從而知月行分至14日，達於極小。故加減項，六以14日為對稱軸。逆數這日以前，約一半日數，為減；一半日數為加。順數這日以後，則正相反。7日以下，在計祢方面，為"加五減秒太"，其相應的朓積，為

$$505 - 476 = 9$$

实际上，是八加一減，即将一日分为两部分。一部分为八加，一部分为一減。表故記出"九分"。14日下的加减，也将该日分为两部分。先为"減56"，後为"加16"，減也二加。

$$\frac{2263}{1242} \times 16 = 28$$ 这和朒積相符

21 日的加减，計祢応"加三減七"
22日朒積不证明：当日自減等。

28日的速分下有羨字。这是跟着芍一日远差、息五下羨四来的。因该日的月行分，远杆极大。故尖远差为平。一部分为五息，一部分为四倩。其减七十，尽愐分为兩部分。一为38纱，和终餘1255期遥，一为31太，和全餘1008相遥。至杉朒70，尽跟旁日和终餘相遥的减数而来的。尖计称皆见杉一芍各麻。

推朔弦望定日術

各以月平会所入之日加減限，限并後限而半之，為通率。又二限相減為限衰，前多者，以入餘減終法,残乘限衰，終法而一，并於限衰而半之。前少者，半入餘乘限衰，亦終法而一，皆加通率，入餘乘之，日法而一，所得為平会加減限數。其限數又別從轉餘為變餘，朓減朒加本入餘限，前多者朓以減，与未減朒以加，與未加，皆減終法,并而半之，以乘限衰。前少者，亦朓朒各并二入餘，半以乘限衰，皆終法而一，加於通率，變餘乘之，日法而一，所得以朓減朒，加限數加減朓朒積而定朓朒，乃朓減朒加其平會日所入餘，滿若不足進退之，即朔弦望定日及餘，不滿晨前數者，借減日算，命甲子算外，各其日也。不減與減朔日之算，與後月同者，俱無之算者，月大。其定朔算後，加所借減算，閏衰限，滿閏限。定朔無中氣者，為閏，滿之前後，在分前。若近春分後秋分前，而或月有二中者，皆量置其朔，不必依定。其後無同限者，亦因前多以通率數為半衰而減之。前少即為通率，其加減變餘進退日者，分為一日，隨餘初末，如法求之，所得并以加減限數。凡分餘秒衰，事非因舊文不著，母者皆十為法。若法當求數用相加減，而更不過通遠，率少數微者，則不須算。**率少數微前，文字疑有脫誤。其入七百 百疑日字之誤。**餘二千一十，一十四日，餘千七百五十九，二十一日，餘千五百七，二十八日始終餘以下為初數，各減終法以上為末數。其初末數，皆加減相返。其要各為九分。初則七日八分，十四日七分，二十一日六分，二十八日五分。末則七日一分，十四日二分，二十一日三分，二十八日四分。雖初稍賒，而末微强，餘差止一，理勢乘舉。皆今有轉差，各隨其數。若恒算所求，七日与二十一日，得初衰數，而末初加隆而不顯，且數与平行正等，云初末有數，而恒算所無。其十四日二十八日，既初末數，在而虚衰亦顯，故數當去，恒法不見。

求朔弦望定日術

命前表加減為加減限，先以平会兩入日加減限，以 $\triangle$ 表之。即末限為 $\triangle_1$，后限為 $\triangle_2$，$\dfrac{入餘}{終法} = S$

即得　通率 $= \dfrac{\triangle_1 + \triangle_2}{2}$，限衰 $= \triangle_1 - \triangle_2$，前多者

限數 $= \dfrac{入餘}{終法} \left\{ 通率 + \dfrac{1}{2} \left[(終法 - 入餘) \dfrac{限衰}{終法} + 限衰 \right] \right\} = S$

$$\left\{ \frac{\Delta_1+\Delta_2}{2} + \frac{1}{2} \left[(1-S)(\Delta_1-\Delta_2) + (\Delta_1-\Delta_2) \right] \right\};$$

前少者

$$限数 = S\left\{ \frac{\Delta_1+\Delta_2}{2} + \frac{S}{2}(\Delta_1-\Delta_2) \right\}$$

$$= S\left\{ \frac{\Delta_1+\Delta_2}{2} + \frac{1}{2} \left[(1+S)(\Delta_1-\Delta_2) - (\Delta_1-\Delta_2) \right] \right\}$$

将这两个内插公式，写成一式，即得：

$$平会加减限数 = S\left\{ \frac{\Delta_1+\Delta_2}{2} + \frac{1}{2} \left[(1\mp S)(\Delta_1-\Delta_2) \pm (\Delta_1-\Delta_2) \right] \right\}$$

此式为补正式内第一近似式。

欲求第二近似式，先令：

跳朒积 ± 平会加减限数 = 变朒

由　入朒干(速减迟加)之变朒 = 待朒

而谓：其限数 又别从待朒的变朒

姑令　$\dfrac{变朒 + 入朒}{终朒} = S'$

则　$\dfrac{变朒}{终朒} = S' - S$

前多者，因

$$轉終 = 入終 + \frac{衰終}{2}$$

$$終法 - (入終 + \frac{衰終}{2}) =$$
$$\frac{1}{2}\{[終法 - (入終 + 衰終)] + (終法 - 入終)\}$$

所謂："朓以減（衰終）与末减（衰終）朒，以加（衰終）与末加（衰終），皆减亦加而半之。" 去乘限衰；前少者，即以
（入終 + $\frac{衰終}{2}$）限衰

所謂："朓朒各并二入終及衰終，半以乘限衰"。按計祢次序，前多者，其式为

$$\frac{衰終}{終法}\{通率 + [終法 - (入終 + \frac{衰終}{2})]\frac{限衰}{終法}\} =$$

$$(S'-S)\{\frac{\Delta_1 + \Delta_2}{2} + [1 - (S + \frac{S'-S}{2})](\Delta_1 - \Delta_2)\} = S'$$
$$\{\frac{\Delta_1 + \Delta_2}{2} + \frac{1}{2}(2 - S')(\Delta_1 - \Delta_2)\} - S\{\frac{\Delta_1 + \Delta_2}{2}$$
$$+ \frac{1}{2}(2 - S)(\Delta_1 + \Delta_2)\}$$

前少者，其式为

$$\frac{变修}{终法}\left\{通率+(入修+\frac{变修}{2})\frac{限衰}{终法}\right\}$$

$$=(S'-S)\left\{\frac{A_1+A_2}{2}+(S+\frac{S'-S}{2})(A_1-A_2)\right\}$$

$$=S'\left\{\frac{A_1+A_2}{2}+\frac{S'}{2}(A_1-A_2)\right\}-S\left\{\frac{A_1+A_2}{2}+\frac{S}{2}(A_1-A_2)\right\}$$

今将两式写成一秋，得：

$$S'\left\{\frac{A_1+A_2}{2}+\frac{1}{2}\left[(1\mp S')(A_1-A_2)\pm(A_1-A_2)\right]\right\}$$

$$-S\left\{\frac{A_1+A_2}{2}+\frac{1}{2}\left[(1\mp S)(A_1-A_2)\pm(A_1-A_2)\right]\right\}$$

以之加朮限数内，得：

$$S'\left\{\frac{A_1+A_2}{2}+\frac{1}{2}\left[(1\mp S')(A_1-A_2)\pm(A_1-A_2)\right]\right\}$$

将这个内插法计祘，加减朓朒积，设为定朓朒，以之朓减朒，加贺平会日所入日余，以余加减余时，加朒盽法，则退一日；减数大朮被减数，则退一日，方得朔弦望定日及余。若两桥得的，以朠晨为餘數，即小海夜數的一半，須借減日祚，仍從甲子起祚，各得朔弦望定日。但就借減日祚而言，无論"不減与減"，朔日立祚，前后月皆同。若均无立祚，而遇月大，祚定朔後，應加兩借減祚。对於閏衰限，院海閏限676，而含定朔逗月，無中氣，称为"閏溯之前後"。其在分芳，若接近春分芳秋分后，或者一个月内存在有二个定中气，可以酌移其朔，不必拘泥"定朔"二字。至於特例，例如6日及20日的右限，不足1日，所謂："其后无日限"。則取5日及19日的通率，以限衰去減，限衰則依旧不改动，继而7日，21日的开始，则取6日20日的通率，所謂：半限衰而減之。以祚式示之，得：

$$限數 = \frac{入餘}{終后}\left\{初數 - \frac{1}{2}\frac{入餘×限衰}{終后}\right\}$$

忧因初數为6日，20日的通率，故限數

$$= 5\left\{\frac{\Delta_1+\Delta_2}{2} - \frac{5}{2}(\Delta_1-\Delta_2)\right\}$$

所謂："其友餘加減入餘出巳日"，即以餘減修，而生日期的远近。"分为二日随修和求，以限求之"。转修为本日入修开始至半夜修的修分，是谓初分。以转修减终法，即一整日内减去初修，其剩修分是谓末分。

凡减者恒用初分，加者恒用末分。设在速厉，半夜修大于入修，则以入修反减半夜修，修分为一日末分。若多者即用此末分，若少者以末分减终法，得为一日初分用之。其迟平，限衰皆用为一日诸数。其也有多种特例。以半夜修小于入修，或半夜修加入修，大于终法，也有用本日而分或末分，及本日迟平，限衰诸数；也有用若一日而分或末分及后一日迟平，限衰诸数。所谓："所得並以加减夜修，而不加减限数。"因在速厉，夜修既大于入修，则求得数必大于限数，而不待减。其加减迟厉小归法，在迟厉加者反加，减者反减。在速厉加者反减，减者反加。如遇特例：以半夜修等于入修，或半夜修加入修，等于终法，则在若一例，若多者用若一日迟平，若少者用本日迟平。在后一例，若多者用本日適中，苟少有用后一日通平，當交餘乘而凈法除，以之加交餘，或由交餘減之為定，的不用限衰。分、秒、秒衰，承亏旧例，不泡出它的分母，用十進法。所谓："法当求数，用相加减，而更不必通远"（末句文字，恐有脱误）依加减平，数甚微小，不须计补。计补入7日、14日、21日、28日的初末数，在大衍歷步月离术中有详细说明，此不紀述。

　　此段法令为九分，四日初末数各佊分数，所谓："耗初稍的，而末渐渐"，两侪的差，小过一数。例如：28日初数1255，佊五分，每分得251，末数1008，佊四分，每分得252。都以转差而来，所谓：所据盈筆。佈文：荒恒疎所求云：，恐有脱误，不待说明去多。麟德大衍两歷，对於初末数，沿襲皇极，但运的文字，削奉不保。无従对勃。

　　求朔弦望之辰所加

定餘半朔辰五十一大，以下為加子過，以上加此數，乃朔辰而一，亦命以子，十二算外，又加子初以後，其求入辰强弱弱，如氣。

　　從前所求得的朔弦望定餘，若小於半朔長 $51\frac{1}{2}$ ，即史相當加時，在一小时以下，稱 　 为"加子過"。若在半朔長以上，此數加入後，仍用朔長去除，然令以子起祘，狸使十浪后，又得子初以后，史求入辰的强弱，和求入气同。

　　求入辰法度

度法四萬六千六百四十四

周數千七百三萬七千七十六

周分萬二千一十六

　　以度法 46644，除周數 17037076，得 $365° \dfrac{12016}{46644}$　為周天度。分子 12016，稱为周分。

轉十三

蒫 三百五十五

周差六百九半

　　以周數 17037076－歲數 17036466.5 ＝ 609.5，稱为周差。以即歲差。

　　近点月日數的一半 为　$13日\dfrac{1759}{2263}$ ，稱为厤周。今借筆整數 13，稱为段。蒫为

355，用法見后。

在日谓之餘通，在度谓之蔑法，亦氣爲日法爲度法，隨事各異，其數本同。女末接虚，谓之周分，變周從轉，谓之轉。晨昏所距，日在黄道中。準度赤道計之。

氣日法和度法同爲 $46644 = 52 \times 897$，这 897，就日法而言，谓之餘通；就度法而言，谓之蔑法。數同名異，只是隨著而用地方不同。女宿之末接虚宿，中间在左菁周分而得。为周字来源。变用从得，谓之转。某晨某昏所距日在黄道宿次，準用赤道宿度。赤道定方季昭晋初以来诸厯及太大衍厯。

斗二十六	牛八	女十二	虚十
危十七	室十六	壁九	

北方元武七宿九十八度

奎十六	婁十三	胃十四	昴十一
畢十六	觜三	参九	

西方白虎七宿八十度

井三十三	鬼四	柳十五	星七
張十八	翼十八	軫十七	

　　南方朱雀七宿百一十二度
角十二　　亢九　　　氐十五　　　房五
心五　　　尾十八　　箕十一
　　東方蒼龍七宿七十五度
前皆赤道度，其數常定，紘帶天中，
儀極攸準。
　　推黃道術
準冬至所在為赤道度，後於赤道四度為限。
初數九十七，每限增一，以終百七，其三度
少弱平，乃初限百九，亦每限增一，終百
一十九，春分所在。因百一十九，每損一，又
終百九，亦三度少弱平，乃初限，至七每限
損一，終九十七，夏至所在。又加冬至後
法，得秋分、冬至所在數。各以數乘
其限度，百八而一，累而距之，即皆黃道
度也。度有分者，前輩之宿有前郤度，
亦依体數逐差，遷道不常，準令為度，
見今天行，歲久差多，隨術而變。

　　準冬至用差所在為赤道度，距冬至前
後各四度為限，初數為 $\frac{97}{450}$，每限增
$\frac{1}{450}$，終於 11 限，得 $\frac{107}{450}$，女間在赤道
上，有三度許少弱，而稍平平；乃以

$\frac{109}{450}$ 为初限，每限增 $\frac{?}{450}$，终於 八限，而達 $\frac{119}{450}$，而至黄赤道交点，即春分点在。乃由 $\frac{119}{450}$，改增为损，日挥计祘，终於 $\frac{91}{450}$，而至夏至。俊自夏至，日挥计祘，得秋分及冬至两点数。各以数乘限度，以180除之，累而总之。求出黄道度。此为大略。至于考及差数的三祘，以及二十八宿赤道度变亏，均详於 大衍歷论释 中（日躔術蒿内），此略。

斗二十四	牛七	女十一半	虚十
危十七	室十七	壁十	

北方九十之度半

奎十七	娄十三	胃十五	昴十一
毕十五半	觜二	参八	

西方八十一度半

井三十	鬼四	柳十四半	星七
张十七	翼十九	轸十八	

南方一百九度半

角十三	亢十	氐十六	房五
心五	尾十七	箕十	

东方七十之度半

前見黃道度步日所行，月与五星，出入循此。

推月道所行度術

準交定前後所在度，半之，亦於赤道四度，爲限。初十一，每限損一，以終於一，其三度强半。乃初限數一，每限增一，亦終十一，爲交所在，即因十一，每限損一，以終於一，亦三度强半。

詳見大衍曆步月離術注行中。皇極曆以黃道四度爲限，设十一限，每限增减为 450，以求得月道所行和黃道差數。

又初限數一，每限增一，終於十一，復至交半，返前表裏，仍因十一，七增損如道得後交，及交半數，各積其數，百八十而一，即道所行。每与黃道差數，其月在表，半後交前，損增加；交後半前，損加七增減，於黃道，其月在裏，各返之，即得月道所行度。

月在黃道南，所谓："表"。在半交后定交前，对於黃道，则应損減增加；在定交后半交芳，则应損加增減。其月在黃道北，则反是。这就是月道所行度。

原文："損增加"，損下当脱減字。

其限未盡四度，以所直行數，乘入度，四而一。若月在黄道度增損於黄道，而計去赤道之遠近，準上黄道之率，以求之。道伏相消，朓朒互補，則可知也。

若不足四度，用比例法，以

$$\frac{直行數 \times 入度}{4}$$

即得。若月在黄道表裏，增損其黄道度，而不正当於極，即不正当於交点，則每日以去黄道度為準，增損其黄道，計探其去赤道的遠近。而以黄道之率為率，即得所求。上述 所謂：道伏相消，朓朒互補也。

積交差多，隨交為正。其五星先後，在月表裏出入之漸，又探以黄儀，準求其限。若不可推明者，依黄道命度。

詳見大衍曆議斜中。

推日度術

置入元距所求年，歲數乘之為積實，周數去之，不盡者滿度法得積度，不滿為分，以冬至餘減分，命積度，以黃道起於虛一宿次除之，不滿宿筭外，即所求年天正冬至夜半日所在度及分。

釋見景初以下各厤，如正光與和兩厤，尤詳。

求年天正定朔度

以定朔日至冬至，每日所入先後，餘為分，日為度，加分以減冬至度，即天正定朔夜半日所在度分。

由所求年定朔日起筭，至冬至相距日數，得每日所入先后數，以貝日餘為分，整日為度，並積分，以進退度數，以減所求年天正冬至夜半日所在度及分。所謂：加分以減冬至度，即天正定朔夜半日所在度分。

亦去朔日乘衰總已通者，以至前定氣除之，又如上求衰，加以并去朔日，乃減度，亦即天正定朔日所在度。皆日為度餘及分，其所入先後及衰總用增損者，皆分前增分後損，其平日之度。

此為另一法，但文字有乖誤处，只知大意，不能尽晓。

求次日

每日所入先後分，增損度，以加定朔度，得夜半。

將每日所入先後分，積而增損貝愁度，以加定朔夜半度，得每日的次日夜半日所在度及分。

求弦望

去定朔，每日所入分，累而增損，去定朔日，乃加定朔度，亦得其夜半。

求弦望由去定朔日，每日所入先後分，累而增損之。所得以之，加入定朔夜半日所在度，以得弦望夜半。

求次月

曆算大月三十日，小月二十九日，每日所入先後分，增損其月，以加前朔度，即各夜半所在，至虛去周分。

由曆算，得大月應有三十日，小月應有二十九日。每日所入先后分，以之增損貝月，以加前一月朔夜半日所在度，即得夜半所在。但日行至虛宿，則應去貝周分。

求朔弦望辰所加

各以度準乘定餘約率而一為平分，又定餘乘其日所入先後分，日法而一，乃增損其平分，以加其夜半，即各辰所加，其分皆蒙法，約之為轉分，不成為秒，凡朔辰所加者，皆為合朔日月同度。

辰所加有加時的意义。

以称式示之：

$$平分 = 348 \times 定朔餘 / 9 \times 1242$$

又式
$$\frac{定朔餘 \times 该月所入先後分}{1242 \times 46644}$$

以增損其平分，即得：

$$定餘 \times \frac{348 \times 15548 \pm 3 \times 先后數}{3 \times 1242 \times 46644}$$

$$= \frac{定餘 (348 \times 15548 \pm \frac{先后數}{897})}{3 \times 52 \times 1242}$$

以之加入夜半日所在度，得各辰所加。由此式以觀，只要以897所满考之分，分了化為轉分，和不成為秒的數。本条既称朔辰所加，就是合朔日月同度。

推月所与日同度術

各以朔平会加减限数，加减朓朒為平会朓朒，以加减定朔，度准乘，約辛除，以加减定朔辰所加日度，即平会辰日所在。又平会餘乘度准约辛除，减其辰

所在為平會夜半日所在。乃以四百六十四年，
乘平會餘，亦以周差乘朔實際，從之，以
減夜半日所在，即月平會夜半所在。三十七
半乘平會餘，增其所減，以加減半得月
平會辰平行度，五百三乘朓朒，亦以周差
乘朔實際而從之，朓減朒加其平行，
即月定朔辰所在度，而与日同。若即以
平會朓朒所得分，加減平會辰所在，
亦得同度。

　　由前所用內插法，求得"朔平會加減限
數"，加減相应的朓朒積，祈為平會朓朒。
以之加減定朔日，並將所得，用度率乘
而约率除，以減加時所在，得平會夜半月所
在。

　　今求月平會夜半所在，依各曆通法，先以

$$\frac{月率}{歲章} = \frac{8361}{676} = 12 \cdot \frac{249}{676}$$

为月在一日内去日的平行度分，以之乘平會小
餘，得自夜半至合朔时月所去日的平行度。
以减夜半日所在度，而得所求。

　　本曆後求朔後也辰所加，成一气算，
不用此法。乃以月平的古，464.5乘平會

馀，並以平会馀用固差，乘朔实，加之。以代月行自夜半，至合朔时的去日平行度，而得月平会夜半所去。

又以一百的 $\frac{2}{3}$，37.5乘平会馀，加入夜半所去度，而谓："增其所减。"乃以加减夜半，为月平会加时的平行度，又以周日日馀的 $\frac{2}{3}$，502乘脁朒积，六以脁朒积用周差乘朔实除而加之，以脁减朒加其月平行度，而得月定朔加时的所去度，六即合朔时日月同度。

若用筍法，由平会脁朒积所得的约，再加减平会加时所去度，六谓合朔日月同度。

求月弦望定辰度

各置其弦望辰所加日及分，加上弦度九十一，转分十六，蔑三百一十三。望度百八十二，转分三十二，蔑六百二十六，下弦度二百七十三，转分四十二。啬至虚去转周求之。

由前述月的日平行度为 $\frac{9037}{676}$，而朔至上弦为一月的 $\frac{1}{4}$，即：

$$7日\frac{475.25}{1242}$$

故 $\dfrac{9169.25 \times 9037}{1242 \times 676}$ 以18除分子分母，得：

$$\dfrac{509.4 \times 9037}{46644} = \dfrac{4603447.8}{46644} = 98\dfrac{32835.8}{46644}$$

此式減去，由朔至上弦的日行度及餘

$7\dfrac{17550}{46644}$ ，得 $91\dfrac{14985}{46644} = 91\dfrac{16\frac{633}{897}}{52}$

此式取日行度，為 $7\dfrac{475.3}{1242}$ ，

與術文兩況，較小。若反日行度 $7\dfrac{476}{1242}$ ，又失之過大。此為本曆兩用月平行度與況在所用，微為出入之故。

定朔夜半入轉

經朔夜半所入準於定朔，日有增損者，亦以一日加減之，否者因經朔為定。其因定求朔次日弦望次月夜半者，如於經月法為之。

推月轉日定分術

以夜半入轉餘，乘遲差終法而一，為見差，以息加消，減其日遲分，為月每日所行遲定分。

求次日

各以遂定分，加轉分，消轉法從度，皆其夜半因日轉，若各加定日，皆得朔弦夜半月所在定度。其就辰加以求夜半，各以遂分，消者定餘乘差終法除弁差而半之，息者半定餘以乘差終而一，皆加所減，乃以定餘乘之，日法而一，各減辰所加度，亦得其夜半度因夜半亦如此求遂分以加之，亦得辰所加度，諸轉可初以遂分及差為蓑而求，其次皆託，乃除為轉分，因任朔夜半求定辰度者以定辰去任夜半減而求其增損數，乃以數求遂定分，加減其夜半，亦各定辰度。

定朔夜半入轉　推月轉日定分術　求次日諸項輝祥大衍曆月離蓁中。

既知夜半入轉方法，因求朔弦望定辰度，以求朔次日、弦望、次月的夜半月所在度；可如逗月法求之。

推月轉日定分術，皇極曆用"遂差"及"遂定分"，和大衍曆"列差"及"轉定分"相当。

求次月，应各以遂定分，加減日轉分，

满转法52得一度，所得为其夜半月所在度。若因月转分而各加其定日，亦各得朔弦望夜半月度。

对于加时，以求夜半，应将术文："各以逡分"，改为："各半逡差，以代逡分"，作计算式，（已详大衍历中）亦得夜半度。

又用逆推法，由夜半月所在度，亦如此法求逡分，以加夜半，亦得月加时定度。这因消转初期可命逡分及差为羲，而求其次的计算，最后乃除为转分的缘故。其因经朔夜半月度求定辰度，应以定辰距经朔夜半的相当数减去，而后求其增减数，以之求其逡定分，以加减其夜半月度，亦各得定辰度。

求月晨昏度

如前氣与所求每日夜之半夜以逡定分乘之，百而一，為晨分。減逡定分為昏分。除為轉度，望前以昏後以晨，加夜半定度得所在。

置所求日夜数的一半，乘其日逡定分，一百除之，得晨分。以之减逡定分，得昏分，望前以昏，望后以晨，加夜半定度，得所在。

　　求晨昏中星

各以度數，加夜半定度，即中星度。其朔弦望以百刻乘定餘，滿日法得一刻。即各定辰近入刻數，皆減其夜半漏不盡為晨初刻，不滿者屬昨日。

　　各以日度，加夜半定度，就是中星度。這和景初曆推昏旦中星方法全同。惟所用計祘材料不同。皇極曆的日度，並非平均日度。其朔弦望例將定日餘改為刻數，即各定辰刻數 $= \dfrac{100 \times 定日餘}{日法}$，以之，去減夜半漏。其不盡者，為晨初刻，不滿者屬昨日。

復月五千四百五十八

交月二千七百二十九

交率四百六十五

交數五千九百二十三

交法七百三十五萬六千三百六十六

會法　五十七萬七千五百三十　　　　　　　　　〔三十五

交復日二十七　　餘二百六十三　秒三千四百

交日十三　　餘七百五十三　秒四千六百七十九

交限日十三　　餘三百五十五　秒四百七十三半

望差日一　餘百九十七　秒四千二百五十

朔差日二　餘三百九十五　秒二千四百八十八

会限 百五十八　餘二百七十六　秒五十半

会日百七十三　餘三百八十四　秒二百八十三

這13个法数，皇極曆步交術兩用。

倍月 5458 为交月的兩倍。以交率 465，除月 2729，得 5日 $\frac{404}{465}$，即一交所需的月数。以交率除倍月，等于食月。

皇極曆特设交数 5923，以朔日法 1242，乘交数，得 7356366，称为交法。

又以朔日法 1242 乘交率，得 577530，称为会法。

又以倍月 5458 乘朔实 36677，得 200183066，称为交倍率。

以交法及会法，除交倍率，

前者得　27日 $\frac{235\frac{3435}{5923}}{1242}$

後者得　346日 $\frac{769\frac{101}{465}}{1242}$ （今称交食辛日数）

将此繁分数析出，得：

$$173日\frac{384\frac{283}{465}}{1242}$$ 所謂：会日百七十三，餘三百八十四，秒二百

八十三。时时，又知：

$$\frac{交数}{交率}=\frac{交終}{会終}=\frac{\frac{交終}{会終}}{\frac{交終}{交終}}=\frac{食甚日数}{交点月日数}$$

及朔差日率析朔望月日数－交点月日数；

攺求出秒法为 5923，即由秒法乘月法，

得 $\dfrac{(36677\times5923-26018)066)}{7356366}$

$$=\frac{17054505}{1242\times5923}=乙日\frac{295\frac{2488}{5923}}{1242}，$$

将朔差日折半，得 $望差日=1日\dfrac{197\frac{4205}{5723}}{1242}$

所謂：会限，和景初厤入交限数的

计称拆果相者。皇极厤的交月 2729，

和景初厤的会通 790110 相者。景初

厤入交限数的拆式，为：

$$\frac{722795}{4559}=158日\frac{2473}{4559}=158日54……$$

由是頻知皇極曆的會限，先作比例式，
會區對于入交限的比，若交日對朴相差敏
之的比。既得之，以交率除之，再以
日法除朔實之數，乘之，即可求凸會限。
更以乙除交復日，得交日

$$13日 \frac{752}{1242} \frac{4679}{5923}$$

(原文作為753，今改正。)由交日減去望差日，
得交限日 $12日 \frac{555}{1242} \frac{47355}{5923}$

(原文為13，除355，今改正。)以上為皇極曆
各佚數向的關係。

推月行入交表裹術

置入元積月，復月去之，不盡交率乘而復去
不如復月者，滿交月去之，為在裹數，不滿
為在表數，即所求年天正經入交表裹
數。

求次月

以交率加之，滿交月去之，前表者在裹，
前裹者在表。

月道和日道，在天球上相交於兩点。

358

日东行自原交点，復还至原交点，捱过

$$\frac{5458}{465} = 11\frac{343}{465} \quad 期迟月，点即日行$$

过 930 次，徙 5458 个月。所谓：置入元
较月，復月去之。即表明日捱过交点 月
465 次，仍在原处。剩数自必小肟
復月，由计示示式

$$\frac{所剩数}{復月交率} = \frac{所剩数 \times 交率}{復月} = 除得数 + 剩余 \atop (小于復月)$$

一方面，去见除得数；一方面，祝史剩余。
若 大杅交月，则月行在裹；小於交月，则在
表。就是所求是天函捱入交表裹数。
　　求次月，即求次月的月行入交表裹。
交月为日过一次交所需月的交率分，而交
率为一个月的交率分。"以交率加之"，即
加上一个月。若所冯大杅，或小於交月，
则月行若在表者令在裹，或仍在表。
为在裹者令在表，或仍在裹。

入交日		去交裹
一 日		進十四
二 日	餘百九十八 以下食限	進十二

三日	進十一半
四日	進九半
五日	進七
六日	進四
七日 進五分 四進強 退一分 一退弱 →	
八日	退二
九日	退五
十日	退八
十一日	退十半
十二日	退十二半
十三日 餘五百五十 五 以上食限	退十三半
十四日	退十四小 三退強 二退弱
入交日	衰積
一日	衰始
二日 餘百九十八 以下食限	十四
三日	二十七
四日	三十八半
五日	三十八
六日	五十五
七日	五十九
八日	六十 六又一分 二分當日限

九日	五十八
十日	五十三
十一日	四十五
十二日	四十四半
十三日 （餘五百五十五以上食限）	二十二
十四日	八半

入交日 去交衰 衰積 相当於元嘉、大明等厤的阴阳厤。入交日的总日数，为半个交点月，等於 13日 $\frac{753}{1242}$。

二日下右餘百九十八食限一泽，即從一日初，数至 1日 $\frac{198}{1242}$ 即朔行分相当月数的一半，点即等于地差月。即乾象厤所谓 日月食的芳限。

七月下左计筭上将一Y整日，分两部分，一部分为进五分，又友一为退一分。但实际上，一为四进降，一为一区的。

八日下衰積为六十；但实际上为Y十一分，因一分区当七月末，八月初的中间。所谓:当明限。

又将 十三日下一整日分为两部分，为部为五百五十五。全与十二日加，即和交限日 12日 $\frac{555}{1242}$ 相当，点即乾象厤兩份日月食的范限。最后十的日內，含有分日 753，以减朔日余 1242，餘 489 為虛日，根据乾气展計祘，由比例式：

$$753 : 8.5 = 1242 : 14 言$$

因知 8.5 為分日的退率，而 14 言為全日的退率。实际，則為三退强及二退的。

推月入交日術

以朔实乘表裏数，為交实。满交法為日，不满者交数而一，成象不為秒。命日算外，即其注朔月平入交日餘。求望，以望差加之，满交日去之，則月在表裏与朔同。不满者与朔返。其月食者先交，与言月朔，後交与月朔表裏同。

求次月，朔差加月朔，所入满交日去之，表裏与前月進，不满者与前月同。

由前面兩述，用交法除朔实，和後月相乘数（即交後率）得交点月日数。今的若出入交表里数，以代計祘中之後月，四得繁分数式：

$$\frac{交实}{交法} = \frac{朔实 \times 表里数}{交数 \times 朔日法} = 整日数 + \frac{零数}{交数 \times 朔日余}$$

$$= 整日数 + \frac{秒\ 分\ 交数}{朔日法}$$

而以命日祘外，即得经朔月平入交日及
秒。

如次求泄，须加一个泄差日。加后，
若大於交日，须去之。此即表示日由朔
至泄，已由表至里，或由里至表。朔
则日月同度，泄则月与日相对。故月
所在表里，和朔相同。若小於交日则
反是。若遇月食，在交前或交后，月所
在表里，和当月朔或后月朔同。景初
历解释中已详。

交次求次月，应於月朔所入，加上
朔差。如满一个入交日，则月所入表
里，和前月相转。当由表至里，或由
里至表。小分应和前月同。

求经朔望入交常日
以月入气朔望平会日历速定数，速加
迟减，其平入交日，馀为经交常日及
馀。

求定朔望入交定日

以交率乘定朓朒，交數而一，所得以朓減朒，加常日餘，即定朔望所入定日餘。其去交，如望差以（以下疑脫下字。）交限以上者，月食；月在裏者日食。

用蒜式表示這兩个項目，即

入交常日＝平入交日±入氣遲速

及　入交定日＝入交常日∓ $\frac{交率}{交數}$ 入待朓朒

前者入氣遲速是速加遲減，
後者入待朓朒是朓減朒加。

去交數，必在表內前后限內，所謂：池差以下，交限以上。所以月食。若朓裏，則和交点接近，所以日食。

推日入会術

会法除交實為日，不滿者如交率為餘，不成為秒，命日算外，即注朔日入平会日及餘。

求望，加望日及餘，次月加注朔。其表裏皆準入交。求入会常日，以交數乘月入氣朔望所平会日，運導速定數交率而一，以速加遲，減其入平会日餘，即所入常日餘，亦以定朓

朒，而朓朒加其常日餘，即日定朔望
所入會日及餘，皆滿會日去之，其朔望
去會，如望以下會限以上者，亦月食。月
在日道裏則日食。

月入交和月入會，俱生食象，計祘亦同。
入會日只須於計祘交日式內，以交食限
代交限，即得兩祘。

求望，加日行半月日數。所謂：也朏及餘。

求次月，加日行一月日數。所謂：加經朔。
其兩入表裏計祘，習同入交。所謂：皆准入交。

又入會常日＝平入會日 $+\dfrac{\text{交數}}{\text{交半}}$ 入气疾速，

入會定日＝入會常日 $\mp$ 入轉朓朒

以上皆朒去交會日。朔也交會，在池差以下
會限以上，則月食。月撦近炭造則日食。

求月定朔望入交定日夜半

交率乘定餘，交數而一，以減定朔望
所入定日餘，即其夜半所定入。

求次日

以每日遲速數，分前增，分後損，定
朔所入定日餘，以加其日，各得所入
定日及餘。

求次月

加定朔大月二日，小月一日，皆餘九百七十八，秒二千四百八十八，各以一月遲速數，分前增，分後損，其所加為定。其入七日，餘九百九十七，秒二千三百三十九半，以下者進，其入此以上，盡全，餘二百四十四，秒三千五百八十三半者退。其入十四日，如交餘及秒以下者退，其入此以上盡全，餘四百八十九，秒千二百四十四者，進而後也。其要為五分，初則七日，四分，十四日三分，末則七日，後一日，(日疑分字之誤。)十四日，後二分，雖初強末弱，衰率有檢，求月入交去日道，皆同其數。

由所前求得?定朔望所入定日餘，交率乘之，交數除之，以減定朔望所入定日餘，即得夜半所定入。

求次日須以每日的遲速數，春秋分前增，春秋分后損，定朔所入定餘，以加所入日，各得所入定日及餘。

次求次月夜半，左朔前定朔，加入朔差，再減去相当的朔小餘。以式表之，即：

$$2\frac{395\frac{2483}{5923}}{1242} - \frac{659}{1242} = 1日\frac{978\frac{2488}{5923}}{1242}$$

以遇大月，须再加一日，並得一月的迟速数，春秋分前增，春秋分后损，所加以为定朒。

由入交日表所示日数，为

$$13日\frac{752\frac{4679}{5923}}{1242}$$，即月从此交点，行至又一

交点，所需日数。今取其半，得 $6\frac{997\frac{2339.5}{5923}}{1242}$，

为月道和日道最大距离所在。此即日月道的交角，所以入交日，以此为限。在这限以下，其入交衰为"进"，以上则

$$1-\frac{997\frac{2339.5}{5923}}{1242} = \frac{244\frac{3583.5}{5923}}{1242}$$，

所谓：尺余限及秒者，为"退"。同理，

入十四日，在 $\frac{752\frac{4679}{5923}}{1242}$，以下者"退"，

$$入\quad 1-\frac{752\frac{4679}{5923}}{1242} = \frac{489\frac{1244}{5923}}{1242}$$，所谓：

盡全絲及秒者，則進而復回。總之，初末共
為弓分，對於七日、十四日，初則四分三分，
末則七日后一分，十四日后二分。那初
強末弱，並衰積自可檢驗。

以交餘為秒積，以後衰并去交衰，半之為
通數。進則秒積減衰法，以乘衰交法
除而并衰以半之。退者半秒積以乘
衰交法而一，皆加通數，秒積乘交法
除，所得以進退衰積，十而一為度，不
滿者，求其強弱，則月去日道數。月朔
望入交如限以上，減交日殘為去後
交數。如望差以即為去先交數，有全
日同為餘，各朔辰而一，得去交辰。
其月在日道裏，日應食而有不食者，
月在日不應食而亦有食者。

　　這是月球黃緯數的計稱法。所謂：
皆同更數。因餘為秒而積，故將交餘，
稱為秒積。

　　令去交衰 = Δ_1　　后去衰 = Δ_2
　　　衰 = $\Delta_1 - \Delta_2$　$\dfrac{秒積}{交法}$ = S

　　通信 = $\dfrac{\Delta_1 + \Delta_2}{2}$　　依術計稱，得：

$$進者 \quad S\left\{\frac{\Delta_1+\Delta_2}{2}+\frac{1}{2}\left[(1-S)(\Delta_1-\Delta_2)+(\Delta_1-\Delta_2)\right]\right\}$$

$$退者 \quad S\left\{\frac{\Delta_1+\Delta_2}{2}+\frac{S}{2}(\Delta_1-\Delta_2)\right\}$$

$$=S\left\{\frac{\Delta_1+\Delta_2}{2}+\frac{1}{2}\left[(1+S)(\Delta_1-\Delta_2)-(\Delta_1-\Delta_2)\right]\right\}$$

计标结果，以之距区衰积，以10除之，即得月去黄道度。至於月朔迟入交，如去交限以上，以减交日，其馀为"去后交数"。

如在望差以下，以为"去先交数"又有收全日回改成日馀，各以"朔长"除之，得"去交长"，使月在日道裏，日有应食而不食者。月在日道外，不应食而反有食者。

推應食不食術

朔先後在夏至十日内，去交十二辰少，二十日内，十二辰半，一月内十二辰大，閏四月之月十二辰以上，加南方三辰，若朔在朔在夏至二十日内，去交十三辰，以加辰申半以南四辰，閏四月之日，亦加四辰，穀雨後處暑前加三辰，清明後白露前加巳半以西，未半以東二辰，

369

春分前加午一辰，皆去交十三辰半以上者，並或不食。

实地考验，朔先后在夏至十日以内，而去交十二辰少，或二十日以内，去交十二辰半，在一月内去交十二辰大，闰四月、六月去交十二辰以上，並加南方三辰，所谓：南方三辰，古曆将子、丑、寅、卯、辰、巳、午、未、申、酉、戌、亥，纳为地面十二辰。亥子丑为北方三辰，寅卯辰为东方三辰，巳午未为南方三辰，申酉戌为西方三辰。若朔在夏至二十日内，去交十三辰，加申半以南四辰，闰四月六日以加四辰，穀雨後處暑前加三辰，清明後白露前，加巳半以西、未半以东二辰，春分若加午一辰，皆去交十三辰半以上，可以应食不食。

推不應食而食術

朔在夏至前後一月内，去交二辰，四十六日内，一辰半，以加二辰，又一月内，亦一辰半，加三辰及加四辰，与四十六日内加三辰，穀雨**（穀上疑脫一前字）**後處暑，前加巳少，後未太，前清明後白露，前加二辰，春分後秋分前加一辰，皆去交半辰以下者，並得食。

根据实验，夏至前后一月以内，去交为二辰。四十之日以内，去交为一辰半，以加二辰。又在一月以内，去交六一辰半，加三辰及四辰，和在四十之日内加三辰，前穀雨，後处暑，前加己少，後未太。前清明，後白露，前加二辰，（此下疑有脫句）春分後秋分前加一辰。以上场合，皆去交在半辰下，並皆得食。

日食时，月有视差，两生影响，对于各节气及时角，亦搽有关。此差在刘焯时代，尚不知道。前面两条两恒，对於视差，可说有几分暗合。以下仿此。

推月食多少術

望在分後，以去夏至氣數，三之。其分前，又以去分氣數，信而加分後者，皆又以十加去交辰，信而并，并之，減其去交餘，為不食定餘，乃以減望差，殘者八十之而一，不满者，求其强弱，亦如氣辰法，以十五為限，命之，即各月食多少。

望在春分以后，則曰三乘去夏至氣

數。其望在春分以前，又以"去分氣數"，列位而加分后者，（古時所用稱罪，類似今之稱盂。）皆又以十加後交辰，列位而并之，從去交餘，減去兩并數，稱為不食定餘。將此不食定餘，以減池差，用九十六除減餘。其除不尽數，众以用气辰法，求幺多幺幺，令以十分為限，即各為月食多少。可参攻大衍曆等交会蓋。

　　推日食多少術

月在内者，朔在夏至前後二氣，加南二辰，增去交餘一辰太，加三辰，增一辰少，加四辰增太。三氣内，加二辰，增一辰；加三辰，增太；加四辰，增少。四氣内，加二辰，增太。加辰及五氣内，加二辰，增小。自外所加辰，立夏後立秋前，依本其四氣内加四辰。五氣内加三辰。六氣内加二辰。六氣内加二辰者，亦依平。自外所加之北諸辰，各依其去立夏，立秋，白露數隨其依平辰。辰北每辰以其數三分，減去交餘。雨水後霜降前，又半其去二分日影，以加二分去二立之日，乃減去交餘。其在冬至前後，更以去

霜降雨水日數三除之，以加霜降雨水
當氣所得之數，而減去交餘，皆為定
不食餘；以減望者，乃如月食法。月在
外者，其去辰數，若日氣所繫之限，止
一而無等次者，加所去交辰一，即為食
數。若限有等次，加別繫同者，隨所去
交辰數，而返其衰，以少為多，以多為
少，求加其一，以為食數，皆以十五為
限，乃以命之，即各日之所食多少。

月在內道，而朔在夏至前後二氣內，加
南方二辰，增去交餘一辰太，或加三辰，
增去交餘一辰少；或加四辰，增去交餘太，
又或朔在三氣內，加二辰，增去交餘一辰；
或加三辰，增去交餘太；或加四辰，增去
交餘少。又或四氣內，加二辰，增去交餘
太。及五氣內加二辰，增去交餘小。這
是一个場合。

自外所加辰，如立夏後立秋前，依大的
氣內加四辰。五氣內加三辰。六氣內加
二辰。六氣內加二辰，稍為依平辰。自外
而加的北方諸辰，各依其去立夏、立秋、
白露日數，隨大依平辰。辰北，四辰以

其數三分,"(此句疑有脫誤。)以減去交餘,
這是又一个場合。

其在雨水後霜降前,則將去二分日數
折半,以之,加二分去二立日數,以其所得,
減去交餘,這是又一个場合。

其在冬至前後,更用三除去霜降雨水
日數,以加自觀測地至霜降雨水相当
氣所得之數,以減去交餘。這是又一个場合。

各場合所得減餘,均称定不食餘。
然後,以減泛差,与月食法同,会以十五为
限。月在外道,更去交辰數,若日与氣两
臺之限,止有一个而无等次可言。即少食的
偏食。加入一个去交辰,即得食數。

若如後面论日月超迟辰的複雜場合,
限有等次。可以加別募月的,則随而去交
辰數,而用逆推降,以求其衰。在複雜場
合中,有以少为多,或以多为少,必加一个而去
交辰,以为食數,並以十马为限,即各得食
的多少。

凡日食月行黄道,体所映蔽,大較正交
如景壁,漸減則有差,在内食分多,
在外無損,雖外全而月下,内損而

更高，交浅則间遥，交深則相搏而不掩，因遥而蔽多，所觀之地又偏，所食之时亦别。月居外道，此不見蔚，月外之人，反以為食，交分正等，同在南方，冬損則多，夏蔚乃少，假均冬夏，早晚又殊，處南辰体則高，居東西傍而下，視有邪正，理不可一，由準率若实而違，古史所詳，事有紛互，今故推其梗概，求者知以其指歸，苟地非於陽城，皆隨所而漸異。◎月食以月行虚道，暗氣所衝，日有暗氣，天有虚道，正黃道常与日对，如镜居下，魄耀見陰，名曰暗虚，奄月則食，故稱當月月食，當星星亡。雖夜半之辰，子午相对，正陽於地，虚道即蔚，既月兆日光，當午更耀，時亦陽地，無废禀明，謨以天光神妙，應感元通，正當夜半，何害蔚禀。月由虚道，表裹俱食，日之与月，体同势等，校其食分，月盡為多，窄或形差，微增蔚影，殊而不遍，綱要克舉。
　推日食所在辰術

置定餘倍日限克減之，月在裏三乘朔辰為法，除之。所得以艮巽坤乾為次。命艮算外，不滿法者，半法減之。無可減者為前，所減之殘為後。前則因餘，後者減法。各為其率，乃以十加去交辰三隊之，以乘率，十四而一，為差。其朔所在氣二分前後一氣內，即為定差。近冬至以去寒露驚蟄，近夏至清明白露氣數倍，而三隊，去交辰謂增之，近冬至艮巽以加，坤乾以減，近夏至艮巽以減，坤乾以加。其差為定差，乃艮以坤加，巽以乾減，定餘月在外，直三隊去交辰，以乘率，十四而一，亦為定差。艮坤以減，巽乾以加，定餘皆為食餘，如氣求入辰法，即日食所在辰及小大。其求辰刻以辰刻乘辰餘，朔辰而一，得刻及分。若食近朝夕者，以朔所入氣日之出入刻，校食所在，知食見否之少多，所在辰為正見。

　　術文文字有脫誤。麟德曆曾引用皇極曆術，故可據以校釋。

若月在内道，則三乘朔辰为昏，以除定朔小馀。而得命以艮巽坤乾为次。

艮巽坤乾是易卦名。序卦上编，艮为西北，巽为东南，坤为西南，乾为东北，皇極曆用以表示方位。

而以命艮为起筭点外，其被除数左半馀以下为"前"，以上者棄去之为"後"。前則因籍，後者减馀。各为差率，乃以十加去交辰，以三除之，以乘差率，怡其两旧，用十四去除，以之为差。其朔在二分前後一氣内，即以差为定差。近冬至以去寒露鶯蟄，近夏至以去清明白露气数倍之，更三除去交辰增之。近冬至艮巽以加，坤乾以减其差，近夏至艮巽以减，坤乾以加其差，为定差。且艮以巽加，坤以乾减，定朔小馀。月在外道，則三除去交辰，与率相乘，更用十四，除为定差。並艮坤以减，巽乾以加定朔小馀，皆为"食定小馀"。以气未入辰法，即日食所在辰及大小。皇極曆所此，乃自經驗積累所得。唐李德曆祖术皇極曆，絕不全同。

皇極先由定餘一之日限入手，以施計祘。首句克字疑衍。

求辰刻由比例法 $\frac{100}{朔日法} \times$ 辰餘，即得刻及分。若日食和朝夕相近，則以日的出及时刻，校对食所在辰，以知日食見否多少，称为正見。

推月食所在辰術

三日阻减望定餘半望之所入氣，日不見刻，朔日法乘之，百而一，所得，若食餘之等以下，又以此所得减朔日法，其残食餘与之等以上，为食正見数。其食餘亦朝辰而一，如求加辰所在，又如前求刻校之月在衝辰食，日月食既有起讫晚早，亦或变常進退，皆於正見前後，十二刻牛候之。

首句文字錯乱，難读。大衍曆步月離術不少是沿用皇極曆法，此處計祘，因参用之。以二百五十二除去交定分，以加减定泛小餘，为食定小餘点称食餘。（参及大衍曆步交会術）今由比例法

$$日不見刻 \times \frac{朔日法}{100} 所得之位，$$

若食餘与之等，或在它以下，灾以上式所得佗，以減朔日法，更減餘若食餘与之等及以上，均為食正見數，並以朔辰法除食餘，以求食加辰所在。又以為求日出反刻以校之，得見"月在衝辰食"。因為日月食晚者起況早晚，並或多帶世巳，通例在正見十二刻半芳后，可以候之。老条及芳条所述，可見日月帶蝕出反，皇極厤已先宣明厤海之矣。

推日月食起訖辰術

準其食分十五分為率，全以下各為衰，十四分以上，以一為衰，以盡於五分，每因前衰每降一分，積衰增二，以加於前，以至三分，每積增四，二分每增四，二分七增之，一分七增十九，皆累算為各衰，三百為率，各衰減之，各以其殘乘朔日法，質率而一，所得為食衰數，其率全即以朔日法為衰數，以衰數加減食餘，其減者為起，加者為訖，數亦如氣。

求入辰法及求刻，以加減食所

刻等，得起訖早晚之辰，与按正見多少之數，史书虧復起訖不同，今以其全一辰爲率。

皇极麻计祘日月食連续时間，以全食食分十五分为準。据以为率，全食以下各为衰。食分十四分以上，均以一为衰，盡於五分而止。此後每因前衰降一分，則積衰增二，以加於前，盡於三分，積衰增四。二分增衰又，一分則增十九。如差假各項，均由晷漏为各衰，另以三百为率。其中減去各衰，各以減好乘朔日後，三百除之，命史所得为食衰數。若遇全食，即用朔日後为食衰數，然後以食衰數加減食俗。负減者即为虧初时間。其加者即復末时間。

求入辰後及刻，如前兩条所述，以加減食所在刻及分等，得史起訖早晚辰刻，並指出正見多少刻數。史書虧復起訖，不終一律，故以全一辰为率。

推日月食所起術

月在景者，其正南，則起右上，虧左上。若正東，月自日上邪北而下。其在東南維前，東向望之，初不正橫，月高日下，乃月稍西北，日漸東南，過於維後南向望之，月更北，日差西南，以至於午之後，亦南望之，月欹西北，日復東南。西南維後，西向而望，月為東北，日則西南，正西，自日北下邪轉，而亦後不正橫，月高日下，若食十二以上，起右轉左，其正東起上近轉下而北，午前則漸自上邪下，維西起西北轉東南，維北起西南轉東北，午後則稍從下傍下，維東起西南轉東北，維北轉東南。在東則以上為東，在西則以下為西。月在外者，其正南起右下轉左上，在正東，月自日南，邪下而映，維北則月微東南，日返西，維西南日稍移東北，以至於午，月南日北，過午之後，月稍東南，日更西北，維北月有西南，日復東北，正西，月自日下邪南而上。皆準此休以定起轉，隨其所處，無用不同。其月之所食，皆依日轉起，無隨類反之，皆与日食限同表裏，而与日返其逆順，止勢過其分。

這段術文，是將日月種種視象，加以解釋。
"月在景"，景即影，意謂月侵日影。月在内道
若在正南方位，從"右上"始，而"左上"現蝕
象。若在正東，則見月從日上向斜北而下行。
其在東南維前—維是兩正方向的交界處。東南
維前，似如今東南南方向。—人目東向而望。
而時並不見月体横貫在日影上，只覺膈
日下，月稍西北向，日漸東南向。迨"迨於
維後" 南向而望，月更北向，日差西南向，
這現象直延至於午後。仍南方而望，見月
在西北欹斜，日復東南。其在西南維後
人目西向而望，月为東北向，日則西南向，
迨至正西，月從日北下斜蝕。此後只不
見月体横貫日影上，仍覺月高而日下，這是
差不多一ケ日食的視象。若食分在十二以上，
則月与日大相接近，其正南則起右蝕左，
其正東則起上蝕下而北，午前則匽斷
從上斜下，維西則起西北蝕東南，
維北則起西南蝕东北，午後則稍從
下傍下，維东則起西南蝕东北，維北則
起西北蝕东南。此處应注意處，在東以
上为东，在西以下为西。月在外道，其正

南則起右下齗左上，在正东則月從日的南面，斜下而映。維北則月微东南向，日匨西北向。維西則日稍移东北，迨至午时始覺月南日北，迨午以后，又見月稍移东南，日則另移西北。維北則月又西南向，日復东北向。正西則見月自日下斜南而上。这是在外道所生日食的視象。兩種均合，皆循此体以定起齗，隨其所处，旼用不同。至於月食，以依日起齗，但其視象所涅的各方向，与日食相反。

五星

歲為木　熒惑為火　鎮為土　太白金（太白下疑脫為字。）辰為水

木數 千八百之十萬五千四百之十八

伏牛平八十三萬之千八百四十八

復日三百九十八 餘四萬一千一百五十六

歲一殘日三十三萬 餘二萬九千七百三十九半

見去日十四度

以木星為例，以度法或氣日法 46644

陳木數 18605468，得復日，即会合周期。

398日 $\frac{41156}{46644}$

以歲數 17036466.5 減本數，得 15690015，以氣日除除之，得

$$33日 \frac{29749.5}{46644}$$

为木星的歲一残日。

　　凡星和日会合，有合前伏及合後伏二者。各佔合一伏的一半。

　　皇極曆步五星術有平見、常見、定見的區別。所謂：伏半平，含有合後伏及定見的意義。

　　以度法除 836548，得 $17 \frac{43900}{46644}$，所謂：見去日，即星見时星和日相距數。歲星規定为十四度，和從伏半平而稱出度數不同。这是从實測得来。

　　同理，对於火星的火數、伏半平等法數，同法可以稱史相互关係。

　　对於歲再残日，因火星的会合周期在兩年以上，须兩倍歲分，以減火數，始能稱得

$$49日 \frac{19106}{46644}$$

仿此 土、金、火 三星各法數，仿此计稱。

平見在春分前，以四乘去立春日。小滿前，又三
乘去春分日，增春分所乘者。白露後亦四乘
去寒露日，小暑加七日，小雪前以八乘去寒
露日，冬至後以八乘去立立春立日，為減。
小雪至冬至減七日。

　　歲星平見，若在春分以前，以四乘去立春日。
在小滿前，以三乘去春分日，並增春分所乘
數。即將春分這一日，加入去春分日內。在白
露後，以四乘去寒露日，以加平見日。小暑加
七日，小雪前以八乘去寒露日。冬至後以
八乘去立春日，以減平見日。小雪至冬至
減七日。

見初日行萬一千八百一十八分，益遲七十分，
百一十日行十八度，分四萬七百三十八，而
留二十八日，乃逆，日退之千四百三十六分，
八十七日退十二度二百四，又留二十八日，
初日行四千一百八十八分，日益疾七十
分，百一十日亦行十八度，分四萬七百三
十八，而伏。

　　初見时日行 18018分，（以度法為分母）此
後日益遲 70分，計 110日，行 18度 及分40738，
这是那时的歲星运行。文規律為遞減等

385

差级数。首项为 11818，公差为 70，项数为 110，总和为 $18\frac{40738}{46644}$，由迟减其差级数，公式

$$n\left(a-\frac{n-1}{2}d\right)=110\left(11818-\frac{109}{2}\times70\right)$$

用度法除之，等于 $18°\frac{40738}{46644}$。以後滞 28日，开始逆行。每日退6436分，87日退12度204分。这与程式

$$87\times6436=559932$$，以度法除之，等于 $12°\frac{204}{46644}$ 相符合。

此後又滞 28日，开始运行，日行 4188分，日益疾 70分，110日 行18度40738分。共规律均为，逐加其差级数。以三，实地计算，得以证实其所行度分。以後乃伏而不见，而与日合，以完成一个合合周期。

火數三千六百三十七萬七千五百九十五

伏半平三百三十七萬九千三百二十七牟

復日七百七十九餘四萬一千九百一十九

歲再殘日四十九餘萬九千一百六

見去日十之度

平見在雨水前，以十九乘去大寒日，清明前，又十八乘去雨水日，增雨水所乘者，夏至後以十六乘去處暑日，小滿後又十五日，寒露前以十八乘去白露日，小雪前又十七乘去寒露所乘者，大雪後二十九乘去大寒日，為減。小雪至大雪減二十五日。

　　五星運行，火星最為複雜。

　　火星平見若在雨水以前，以十九乘去大寒日。在清明前，以十八乘去雨水日，並恰雨水區日皆稀在內。夏至后以十六乘去處暑日，各以加平見日分。小滿后加十三日。寒露前以十八乘白露日，小雪前以十七乘去寒露日，並增寒露所乘者。大雪后以二十九乘去大寒日，各以減平見日分，小雪至大雪減二十五日。

~~平見在雨水前，以十九乘去大寒日，清明前，又十八乘去雨水日，增雨水所乘~~

見初在冬至，則二百三十六日，行百五十八度，以後日度隨其日數，增損各一。盡三十日，一日半損一，又八十六日，二日損一，復三十八日同，又十五日，三日損一，復十二日同，又三十九日，三日增一，又二十四日，二日增一。又五十八日，增一，復三十三日同。又三十日，二日損一，還終至冬至，二百三十六日，行百五十八度，其立春盡春分，夏至盡立夏，八日減一日，春分至立夏減之日，立秋至秋分減五度。各其初行日及度數，白露至寒露，初日行半度，四十日行二十度，以其殘日及度，計充前數，皆差行，日益遲二十分，各盡其日度乃遲。初日行分二萬二千六百六十九日，益遲一百一十分，之十一日行二十五度，分萬五千四百九，初減度五者，於此初日加分三千八百二十三，蓋十七，以遲日為母，盡與遲日行三十度，分同，而留十三日。

　初見入冬至初，率二百三十六日，行百五十八度。（率字循戊寅曆術增加，表示冬至初匹日行二百三十六分的百五十八度。）以像日度隨其日數，增減各一，盡三十日，每一日半日及度各損一。这是符合於等差級數規律的。以下仿此。又八十六日，二日損日度各一，復三十八日，也是二日損日度各一。（復字和大業曆微异。）所谓：
復三十八日，即為見出退行三十八日的現象。又
十石日，三日損日度各一，復十二日，与上同。
又三十九日，三日增日度各一，又二十四日，
每二日增日度各一。又五十八日，增日度各
一，復三十三日，所增又与之同。又三十日，每二
日損日度各一，尔后还至冬至，率二百三十六
日行百五十八度，其自立春尽春分，三夏尽夏
至，則八日减一日，春分至立夏則减六日，立
秋至秋分則减五度。各为其初行日数及
度数。白露至寒露，初日行半度，四十八
日行二十度。（原文疑有脱误。）以其残行
的日及度，充補为数，而皆差行。日退二十
分，各尽其日度，乃退，计初日行分二萬二
千六百六十九日，盖退一百一十分，又十一日行二
十五度，分万五千四百九，计祈沟 61

$$\frac{(22669 - \frac{60}{}\times110)}{46644} = 25°\frac{15409}{46644}$$

初减行度弓，故於此初日加分 3823，蔵
17；且以退日为母，退其退日行三十度，分
亦与之同，而雷十三日。

前减日分於二雷，乃逆，日退分萬二千五百

二十六，六三日退十六度，分四萬二千八百三十四，
又留，十三日而行，初日萬六千六十九，日益疾
百一十分，六十一日行二十五度，分萬五千四百
九。立秋盡秋分增行度五加，初日分
同前，更疾在冬至則二百一十三日，行百
三十五度，盡三十六日，一日損一，又二十日，
二日損一，復二十四日同。又五十四日
三日日增一，又十二日二日增一，又四十
二日，一日增一，又十四日，一日增一半，
又十二日增一，復四十五日同，又一百六
日，二日損一，亦終冬至，二百一十三日
行百三十五度。

　　由前減日分於二留，乃逆向西行，曰退
分万二千五百二十六。六十三日退十六度，分
四万二千八百三十四。其計祘式為：

$$\frac{12526 \times 63}{46644} = 16° \frac{42834}{46644}$$

又留十三日而行。初日16069，日益疾
110分，61日行25度，分15409，祘式為：

$$\frac{61(16069 + \frac{60}{2} \times 110)}{46644} = 25° \frac{15409}{46644}$$

立秋盡秋分，增行度五，加初日分，六

与前同。更疾去冬至，則率二百一十三日，行百三十五度，尽三十六日，中一日損一。又20日，2日損一，復24日同。又54日，三日增一。又12日增一。又42日一日增一。又14日，一日增一度半，又12日增一，復45日同。又106日，2日損一，以终於冬至，率213日行135度。

前增行度五者，於此亦減五度，為疾日及數。其立夏盡夏至日，亦日行半度，六十日行三十度，夏至盡立秋，亦初日行半度，四十日行二十度，其残亦計元如前，皆差行，日盡益疾二十分，各盡其日度而伏。

　　由前增行度五，於此亦減五度。為疾日及數，其立夏盡夏至日，亦日行半度。60日行30度。夏至盡立秋，亦初日行半度，40日行20度。其残亦亦如前述。计行补充，並皆差行，日益疾20分，各尽如日度而伏。

　　自平見在雨水前，至此。術文皆自实測记錄。火星运动複杂。原文脱误較多。例如：“立秋至秋分减三度”减五度三字，根据对称心理，应在“其立春

至春分"句下，尚難確定。以此小為完全理
解。餘以土、金、水三星運動，可以依例
類推而解釋之，不多述。

土數千七百六十三萬五千五百九十四

伏半平八十六萬四千九百九十五

復日三百七十八餘四千一百六十二

歲一殘日十二餘三萬九千三百九十九半

見去日十六度半

平見在大暑前，以七乘去小滿日。寒露後
九乘去小雪日，為加。大暑至寒露加八
日，小寒前以九乘去小雪日，雨水後以
四乘去小滿日，立春後又三乘去雨水
日，皆曾雨水所乘者，為減。小寒至立
春減八日。

見日行分四千三百六十四，八十日行七度，
分二萬七千六百一十二而留，三十九日乃逆
日退分二千八百二十，百三日退六度，分萬
五百九十六，又留三十九日亦行，分四千
三百六十四，八十日行七度，分二萬七千
六百一十二而伏。

金數二千七百二十三萬六千二百八

晨伏半百九十五萬七千一百四

復日五百八十三，餘四萬二千七百五十六
歲一殘日二百一十八，餘三萬一千三百四十九牛
夕見伏二百五十六日
晨見伏三日二十七日，餘与復同。
見去日十一度
夕平見在立秋前，以六乘去芒種日，秋分
後以五乘去小雪日，小雪後又四乘去大
雪日，增小雪所乘者，為加。立秋至秋
分加七日，立春前以五乘去大雪日，雨
水前又四乘去立春日，增立春所乘者，
清明後以六乘去芒種日，為減。雨水
至清明減七日。
晨平見在小寒前，以六乘去冬至日，立春前又
五乘去小寒日，增小寒所乘者，芒種前以
六乘去夏至日，立夏前又五乘去芒種日，
增芒種所乘者，為加。立春至立夏加
五日，小暑前以六乘去夏至，立秋前又
五乘又去小暑日，增小暑所乘者，大雪
後以六乘去冬至日，立冬後又五乘去
大雪日，增大雪所乘者，為減。立秋
至立冬減五日。
夕見百七十一日，行二百六度。其甃雨至

小滿寒露皆十日加一度，小滿至白露加三度，乃十二日行十二度，冬至後十二日減日暖各一，雨水盡見夏至日度七，夏至後之日增一，大暑至立秋還日度十二，至寒露日度二十二，後之日減一，自大雪盡冬至，又日度十二而遲，日益遲五百二十分，初日行分二萬三千七百九十一，蔑三十四，行日為母，四十三日行三十二度。

前加度者，此依減之，留九日乃逆，日退太半度，九日退之度，而夕伏晨見，日退太半度，九日退之度，復留，九日而行，日益疾，五百二十分，初日行分四萬五千七百三十一，蔑三十四，四十三行三十二度。芒種至小暑，大雪至立冬，十五日減一度，小暑至立冬減二度。又十二日行十二度，冬至後十五日增日一，驚蟄至春分日度十七，後十五日減一，盡夏至，還日度十二，後之日，減一。至白露，日度皆盡，霜降後五日七增一，盡冬至又日度十二，乃疾，百七十一日行二百度，前減者此亦加之，而晨伏。

水數五百四十萬五千之

晨伏半平七十九萬九十九

復日百一十五餘四萬九百四十之

夕見伏五十一日

晨見伏六十四日，餘与復同。

見去日十七度

夕應見在秋，及小雪前者不見，其白露
前立冬後時有見者。

晨應見在春，及小滿前者不見，其驚蟄
前立冬後時有見者。

夕見日行一度太，十二日行二十度，小暑
至白露行度半，十二日行十八度，及八
日行八度，大暑後二日去度一，訖十
六日而日度俱盡而迟，日行半度，四日
行二度，益迟，日行少半度，三日行一
度，前行度半者，去屯益迟，乃留。四
日而夕伏晨見，留四日，為日行少半度，
三日行一度，大寒至驚蟄，無此行，更
疾，日行半度，四日行二度，又日行八
度，亦大寒後二日去度一，訖十六日，
亦日度俱盡，益疾，日行一度太，十二
日行廿度，初無迟者，此行度半，十

二日行十八度而晨伏。

　　推星平見術

各以伏半減積半實，乃以其數去之，殘返減數，滿氣日法爲日，不滿爲餘，即所求年天正冬至後平見日餘。金水滿晨見伏日者，去之，晨平見。求平見月日，以冬至去定朔日餘，加其後日及餘，滿復日又去，起天正月，依定大小朔除之，不盡算外，日即星見所在。求後平見，因前見，去其歲一再，皆以殘日加之，亦可其復日，金水準以晨夕見伏日，加晨得晨。

　　開始入元時，各星皆與日合，惟皇極曆以星平見起祘，故以伏半減積實，(積實即入元以來至所求年前一年天正冬至前積日。) 去其星數的若干倍，乘餘爲不滿星數，乃以減數而得，以氣日除之，得整日數及餘，即所求年天正冬至后平見日餘。

　　金，水滿晨見伏日者，棄去其日，仍得晨平見，如欲求平見入月日，則以冬至去定朔及餘，加入冬至后平見日餘。若加后大於一个復日，仍須棄去，依天正月起祘，祘出其所歷过定大小月幾何，尚其入月数。至不满一个月日数时，以之为最后月的入日数。

以求后平见入月日，因前平见所入月日，加或减其一岁或再岁日数，而后再以岁一或岁再残日加之，以得后平见入月日。金水淮以晨夕见伏日，加晨得晨，加夕得夕。

求常见日，以转法除所得加减者为日，其不满以馀通乘之为馀，开日皆加减平见日馀，即为常见日及馀。

求定见日，以其先後已通者，先减後加常见日，即得定见日馀。

求常见日，只将前所论星运动的术文中所得加减数，以转法52除之为日。其不尽者，以馀通乘之为馀，并日及馀，以加减平见日馀，为常见日及馀。

求定见日，这是和日的先后数，以即和太阳运动不齐一有关的。即将先后数以馀通897通之，先减后加常见日馀，即得定见日及馀。

求星见所在度

置星定見，其日夜半所在宿度及分，以其日先後餘分前加，分後減，氣日法而乘定見餘，氣日法而一，所得加夜半度分，乃以星初見去日度數，晨減夕加之，即星初見所在宿度及分。

置星定見，並其日所在夜半宿度，（求日夜半所在宿度，前"推日度術"以詳言之。）以定見日的先後餘分，春分前加，春分后減气日法，而乘定見餘。再以气日法除之。计算式为：

$$\frac{(\text{先後餘}\pm\text{气日法})\times\text{定見餘}}{\text{气日法}}$$

此式所得，復加星夜半度分，然後，以星初见时去日度分，晨减夕加，即星初见所在宿度及分。

求次日

各加一日所行度及分，其有益疾遲者，則置一日行分，各以其分疾增損乃加之，有蕃者，滿法從分，其母有不等齐而進退之，留即因前，逆則依減。入虛去分，逆出先加。皆以蕃法除為度分，其不盡者，仍謂之蕃，各得每日所在，知去日度，增以日所入先後分，定之諸行星度。求水其外內，準月行，增損黃道而步之。不明者，依黃道而求所去日度，先後分亦分明前加後減。其金火諸日度，計數增損定之者，其日少度多，以日減度之殘者，与日多度少之度，皆度法乘之，日數而一，所得為分，不滿為以日數為母，日少者以分并減之一度。日多者直為度分，即皆一日平行分，其差行者皆減所行日數一，乃半其益疾益遲分而陳之，益疾以減，益遲以加一日平，乘行分，皆初日所行分。有計日加減，而日數不滿未得成度者，以氣日法，若度法乘見已所行日，即日數除之，所得以增損其氣日疾法為日及度，其不成者，而即為蒙。其木火土，晨有見而夕有伏，金水即夕見還夕伏，晨見即晨伏，然火之初行及後疾，距冬至日計日增損日度者，皆當先置從冬至日餘數，累加於位上，以知其去冬至遠近，乃以初見与後疾初日去冬至日數，而增損定之，而後依其所直日度數行之也。

求次日星見所在度？

復各加一日的星所行度及分。星行有益疾益遲時，各以其分所行分，疾增遲損，然後加之。有衰者，淌衰法897從分，其母有不等齐者。

例如：木初見后 110日共行

$$18°\frac{40738}{46644} = \frac{880330}{46644},$$

分子除以110，得每日平行分。逆行时麻87日，得每日平均行6438，若者分母为110，后者为87。两分数，以颏加减，须用通分法，所谓："進退之。"

凡星留而不行，依当时度分。逆行当减去退行度分。星行入虚时，当先去虚分。逆行出虚，则先加虚分。皆用衰法897除，以52为母，即为分母的转分。其除不数，仍命为衰，程此计标，遂各得星每日所在去日度。然后增以史日所入先后分，定其星见所在度。

诸行星度须求其在日道外及日道内，

準月行，增損黃道而步之。其不明者，亦依黃道而求所去日度。至於先后分，亦依春分前加，分后減的規定。（原文：亦分明前加五字中有舛誤。）关於金火諸日度，（火疑水字之誤）由計數增損，以定以其日少度多，以日減度之殘者，与日多度少之度。（此處疑有脫誤。）

令之为 K，本当以 $\dfrac{K}{日數}$，今安以度法为分母，則由比例式：

$$\dfrac{K}{日數} = \dfrac{x}{度法}$$

$$故 \quad x = \dfrac{K \times 度法}{日數}$$

其所得數为分。其不尽数为蕈。因为，以日数为母，"日少者以分并减之一度"（此句疑有舛誤。）日多者直为度分。这皆是一日的平行分。其在差行的蕈場合，应减所行日數一，以乘益疾或益迟數的一半，以益疾減，益迟加一日平行分，得初日所行分。

这段術文，和大衍曆步五星術蕈凌"减日定率一，以所差分乘之，二而一，为差率，以加減平行得而末日所行度及分"

意義相同。其有計日加減，因不滿日數，未能成度的，則用"見巳所行日"（疑有脫誤。）乘氣日法，或度法。仍以日數除之。（從日數為分母，改成度法的分母。）所得以七增損其氣日法為日及度。甚不盡數，仍命為蔑。其木火土三星，由晨見至夕伏。金水二星，則夕見亞夕伏，晨見即晨伏。但火星當"初行"及"后疾"，其距冬至日計日增損日度時，皆當先置從冬至日蔇數，累加入於其徑，俾知其距冬至遠近。乃以"初見"和"后疾"中的初日去冬至日數，而或增或損以定甚星見所在度，並依甚所直日度數行之。

圖書在版編目（CIP）數據

古代曆算資料詮釋 / 劉操南著. —— 杭州：浙江大
學出版社，2019.8
（劉操南全集）
ISBN 978-7-308-19214-9

Ⅰ.①古… Ⅱ.①劉… Ⅲ.①曆法－研究－中國－古
代 Ⅳ.①P194.3

中國版本圖書館CIP數據核字（2019）第117414號

古代曆算資料詮釋

劉操南　著

出 版 人	魯東明
總 編 輯	袁亞春
策 劃	黃寶忠　張　琛
項目統籌	宋旭華　王榮鑫
責任編輯	王榮鑫
責任校對	宋旭華
封面設計	項夢怡
出版發行	浙江大學出版社
	（杭州市天目山路148號　　郵政編碼310007）
	（網址：http://www.zjupress.com）
排 版	浙江時代出版服務有限公司
印 刷	浙江印刷集團有限公司
開 本	880mm×1230mm　1/32
印 張	41.5
插 頁	12
字 數	465千
印 數	001-600
版 印 次	2019年8月第1版　2019年8月第1次印刷
書 號	ISBN 978-7-308-19214-9
定 價	498.00元